Verborgene Ideen

Hans-Joachim Vollrath

Verborgene Ideen

Historische mathematische Instrumente

Prof. Dr. Hans-Joachim Vollrath
Universität Würzburg
Deutschland
vollrath@mathematik.uni-wuerzburg.de

ISBN 978-3-658-01429-2 ISBN 978-3-658-01430-8 (eBook)
DOI 10.1007/978-3-658-01430-8

Die Deutsche Nationalbibliothek verzeichnet diese Publikation in der Deutschen Nationalbibliografie; detaillierte bibliografische Daten sind im Internet über http://dnb.d-nb.de abrufbar.

Springer Spektrum

Planung und Lektorat: Ulrike Schmickler-Hirzebruch | Barbara Gerlach

Gedruckt auf säurefreiem und chlorfrei gebleichtem Papier.

Springer Spektrum ist eine Marke von Springer DE. Springer DE ist Teil der Fachverlagsgruppe Springer Science+Business Media
www.springer-spektrum.de

Inhaltsverzeichnis

Einleitung

Zählen, Rechnen, Messen und Konstruieren: Das sind die Wurzeln, aus denen die *Mathematik* erwachsen ist. Zwar spielt sich das Wesentliche dabei im Denken des Menschen ab, doch im praktischen Vollzug wird in Fachausdrücken gesprochen und geschrieben, mit Instrumenten gemessen und mit Werkzeugen gezeichnet. So hat die Mathematik eine *theoretische* und eine *praktische* Seite.

Früher brachten Titelbilder mathematischer Bücher das Wesentliche eines Werkes zum Ausdruck. Diese zwei Seiten der Mathematik finden sich auch recht eindrucksvoll in den beiden folgenden Titelbildern.

Abb. 1 Titelbild aus: Abel Bürja, *Der selbstlernende Algebrist*, Berlin 1786

Der Berliner Mathematiker Abel Bürja (1752–1816) stellte 1786 am Anfang eines Lehrbuchs zur Algebra die *theoretische* Seite dar (Abb. 1). Inmitten stürmischen Wetters in einer unwirtlichen Gegend befasst sich, unbeeindruckt von dem, was um ihn herum vorgeht, ein alter Mann offensichtlich mit einem mathematischen Problem. Er notiert unbeirrt seine Gedanken, hebt plötzlich die Linke, und wir hören ihn förmlich rufen: „Ich hab's!"

Der Zeichner hat eindrucksvoll dargestellt, dass der Mann gerade eine Erleuchtung hat. Damals glaubte man noch, dass Derartiges „von oben" kommt. (Woher Einfälle und Ideen kommen, ist im Grunde auch heute noch rätselhaft.) Die Botschaft dieses Bildes ist: Mathematik ist Problemlösen!

Eher spielerisch wirkt dagegen die Darstellung der *praktischen* Seite der Mathematik, die der Pariser Instrumentenbauer Nicolas Bion (1652–1733) seinem erstmals 1709 erschienenen Buch über mathematische Instrumente voranstellte (Abb. 2). Er behandelte dort Geräte, die in verschiedenen Gebieten der Angewandten Mathematik benötigt wurden: in Handwerk, Baukunst (Architektur), Landvermessung (Geodäsie), Erdkunde (Geographie), Seefahrt (Nautik) und Himmelskunde (Astronomie).

Abb. 2 Titelbild aus: Nicolas Bion, *Traité de la construction et des principaux usages des instrumens de mathématique,* Paris 1752

Eine Frau ist mit einer Konstruktion beschäftigt. Sie sitzt in einem Gebäude und ist von Kindern umgeben, die ihr zur Hand gehen. In der Gegend liegt allerlei Werkzeug verstreut, und in der Ferne blickt ein Mann durchs Fernrohr. Ein Kind zeigt der Frau ein Instrument und unwillkürlich hören wir es fragen: „Brauchst du das?“

Aber was für Instrumente liegen dort herum? Nur Kenner werden sie wohl alle noch benennen können. Immerhin dürfte jeder wissen, dass die Frau einen Zirkel in der Hand hält. Die anderen dagegen geben eher Rätsel auf. Alle diese Instrumente sind Werkzeuge des Menschen, mit denen er seine natürlichen Grenzen überschreiten kann. Mit einem Lineal wird eine Gerade wirklich gerade, mit dem Zirkel kann er einen Kreis zeichnen, der tatsächlich vollkommen rund ist. Mit dem Fernrohr kann er weit entfernte Dinge erkennen, die er mit bloßem Auge gar nicht mehr wahrnehmen würde, und mit einer Lupe erkennt er kleine Dinge, die für ihn unsichtbar sind.

Sehen wir ein uns unbekanntes Instrument, so fragen wir: Was für ein Instrument ist das? Was macht man damit? Wie geht man mit ihm um? Oder vielleicht noch anspruchsvoller: Warum funktioniert es? Welche *Idee* liegt ihm zugrunde?

Hier lohnt es sich, einen Moment innezuhalten. Wenn ich in diesem Zusammenhang von Ideen spreche, dann sehe ich dies im Kontext des Problemlösens. Damit sind Einfälle, Gedanken und Vorstellungen gemeint, wie die Lösung aussehen könnte. Und am fertigen Instrument lässt die Art der Lösung dann meist auch die zugrunde liegenden Ideen erkennen.

Mathematische Instrumente lösen mathematische Probleme auf praktische Weise. (Für die Griechen bedeutete *praxis* „Tat“.) Man muss bei ihnen also einerseits mit *mathematischen*, andererseits auch mit *technischen* Ideen rechnen. Beide sind meist eng miteinander verbunden. Und beide sollten nicht zu eng gesehen werden. So enthalten mathematische Ideen durchaus physikalische Vorstellungen wie z. B. Bewegungen. Technische Ideen wiederum können durchaus handwerkliche Einfälle umfassen wie z. B. bestimmte Mechanismen zur Übertragung von Kräften. Für die Griechen bedeutete *mathesis* „Wissenschaft“ und *techne* „Kunst“. Etwas von dieser größeren Offenheit der Begriffe „Mathematik“ und „Technik“ bestimmt auch unsere Betrachtungen der mathematischen Instrumente.

Die im Titelblatt des *Traité* dargestellten Instrumente stammen aus dem 18. Jahrhundert. Sie geben uns Rätsel auf, weil wir den meisten von ihnen noch nie begegnet sind. Wir können sie real nur noch in Museen finden. Als *Träger von Ideen* sind sie Teil unserer Kultur und damit wert, dass man sich ihrer erinnert und sie bewusst wahrnimmt.

So kann man viele Anregungen aus den Sammlungen in Museen gewinnen. Besonders hervorzuheben sind für Deutschland die berühmten Sammlungen im *Arithmeum* in Bonn [Arithmeum 1999], im *Astronomisch-Physikalischen Kabinett* in Kassel [Astronomisch-Physikalisches Kabinett 1991], im *Deutschen Museum* in München [Deutsches Museum 1990] und im *Mathematisch-Physikalischen Salo*n in Dresden [Mathematisch-Physikalischer Salon 1994]. Aber auch in anderen Museen lassen sich vereinzelt interessante mathematische Instrumente entdecken z. B. im *Germanischen Nationalmuseum* in Nürnberg [Willers 1978], im *Hessischen Landesmuseum* in

Darmstadt [Krause 1965], im *Mainfränkischen Museum* in Würzburg [Wagner 1997] oder im *Kulturhistorischen Museum* in Stralsund [Hamel 2011].

Abb. 3 Theodolit; Hersteller unbekannt, um 1700; Staatliche Kunstsammlungen Dresden, Mathematisch-Physikalischer Salon, Fotograf: Jürgen Karpinski, Dresden

Die Instrumente sind geschaffen worden, um praktische Probleme zu lösen. Deshalb bemühe ich mich darum, bei diesen Problemen anzusetzen. Fast alle diese Probleme sind uns noch heute als Aufgaben bekannt, und die meisten von ihnen können mit Hilfe des Computers einfach und sehr genau gelöst werden. Man bekommt da fast Mitleid mit den Alten. Aber muss es nicht auch ein faszinierendes Erlebnis gewesen sein, durch den eindrucksvollen Theodoliten von Abb. 3 einen Winkel im Gelände zu messen oder mit der herrlichen Rechenmaschine von Abb. 4 eine Berechnung durchzuführen?

Abb. 4 Rechenmaschine von Johann Christoph Schuster, 1820/22; Foto: Arithmeum, Rheinische Friedrich-Wilhelms-Universität, Bonn

Historische mathematische Instrumente wie alte Zirkel und Rechenschieber finden sich aber häufig auch noch bei Eltern, Großeltern, älteren Verwandten und Freunden. Wie schön, wenn man ihre Geschichten dazu hören und die Instrumente dann sogar selbst mal in die Hand nehmen kann!

Dieses Buch handelt von *verborgenen* Ideen. Damit sind einerseits Ideen gemeint, die in weitgehend „vergessenen" Instrumenten schlummern. Doch auch bei den uns bekannten Instrumenten sind uns unter Umständen ihre Ideen verborgen. Das kann bei einfach gebauten Instrumenten, wie z. B. einem Storchschnabel oder einem Zählwerk, daran liegen, dass einem die entsprechenden mathematischen oder technischen Sachverhalte unbekannt sind. Bei kompliziert gebauten Maschinen, wie z. B. einer mechanischen Rechenmaschine, hatte man nie die Chance, ins Innere zu schauen. Und selbst wenn man das gekonnt hätte, hätte man „den Wald vor lauter Bäumen nicht gesehen." Doch auch diesen komplizierten Mechanismen liegen verstehbare Ideen zugrunde. Mit dem Blick auf das aus meiner Sicht Wesentliche können zugleich grundlegende mathematische und technische Einsichten vermittelt werden. Bei dieser Betrachtung wird auch manches interessante Detail sichtbar werden. Für Einzelheiten muss aber auf mathematikhistorische Spezialdarstellungen verwiesen werden.

Dieses Buch handelt von *historischen* mathematischen Instrumenten. Dabei gehen wir etwa 500 Jahre zurück und nähern uns der Gegenwart bis auf etwa 50 Jahre. Vielfach lässt sich darauf verweisen, dass es wesentlich ältere Vorläufer der besprochenen Instrumente gab. Wo es möglich ist, habe ich bei den Instrumenten begonnen, die die folgende Entwicklung besonders geprägt haben. Bei einigen gab es Prioritätsstreitigkeiten, für die ich mich jedoch nicht interessiere. Und ich erwähne nachfolgende Instrumente oft nur am Rande. Meist bringe ich in Abbildungen Bilder aus historischen Büchern oder exemplarisch Fotos typischer Vertreter. Wenn es möglich war, habe ich dabei Maschinen aus der Sammlung historischer mathematischer Instrumente des Instituts für Mathematik der Julius-Maximilians-Universität Würzburg gewählt. Diese Sammlung ist seit den 1980er Jahren aus didaktischem Interesse entstanden, um den *Studierenden* wesentliche Probleme der instrumentellen Mathematik und die den Geräten zugrunde liegenden mathematischen und technischen Ideen nahezubringen. Insbesondere sollen die Studierenden für die *Lehrämter* Anregungen für ihren eigenen Unterricht gewinnen. Viele Instrumente der Sammlung sind deshalb auch in konkrete Unterrichtsvorschläge eingeflossen, die wir in Würzburg zusammen mit Studierenden entwickelt haben [z. B. Vollrath 1999, 2002, 2004, 2005, Weigand 2005, Weth 2005].

Meine Arbeiten an diesem Buch hat Herr Prof. Dr. Hans-Georg Weigand in jeder Hinsicht unterstützt. Die Otto-Volk-Stiftung hat sie gefördert. Ermutigungen und Verbesserungsvorschläge verdanke ich Herrn Prof. Erhard Anthes, Herrn Prof. Dr. Joachim Fischer, Frau Dr. Ingrid Hupp, Herrn Prof. Dr. Matthias Ludwig, Herrn Prof. Dr. Thomas Weth und Herrn Gerhard G. Wagner. Mit Wohlwollen hat meine Familie, einschließlich meiner Enkelkinder Ben, Clara, Emma und Leon, das Projekt begleitet und in unterschiedlicher Weise dazu beigetragen. Frau Ulrike Schmickler-Hirzebruch hat schließlich für die Realisierung des Projekts im Verlag gesorgt. Ihnen allen danke ich dafür sehr herzlich.

1 Instrumente zum Zeichnen

Die menschlichen Vorstellungen über die grundlegenden geometrischen Objekte Punkte, Geraden, Strecken, Winkel, Kreise, Linien, Flächen und Körper sowie deren Beziehungen zueinander, wie z. B. sich schneiden, senkrecht oder parallel zueinander sein, erwachsen aus Wahrnehmungen an konkreten Objekten der Natur, der Technik oder der Kunst.

Und in allen Kulturen haben die Menschen das Bedürfnis, derartige Objekte zu *zeichnen*. Das kann freihändig geschehen. Häufig benutzt der Mensch jedoch Hilfsmittel zum genaueren Zeichnen. Bei Geraden denken wir natürlich sofort an das Lineal und bei Kreisen an den Zirkel. Diese beiden Instrumente sind uns so vertraut, dass es sich kaum zu lohnen scheint, gründlicher über sie nachzudenken. Das ist aber z. B. anders bei Instrumenten zum Zeichnen von Parallelen, von Senkrechten oder von Ellipsen.

Und doch fange ich mit dem Vertrauten an, denn es erscheint mir gerade hier besonders reizvoll, etwas genauer hinzuschauen und nachzudenken, um so vielleicht Neues zu entdecken. Ich hoffe, dass es eine spannende Suche wird, die uns vielleicht mit Faust sagen lässt: „Das also war des Pudels Kern!"

Einen schier unerschöpflichen Vorrat *mathematischer* Ideen lieferten bereits die griechischen Mathematiker Euklid (um 300 v. Chr.) und Archimedes (um 287–212 v. Chr.) mit ihren umfangreichen und tiefsinnigen mathematischen Werken, mit denen sie für Jahrhunderte die Maßstäbe in der Mathematik setzten. Und wir werden bei unseren Betrachtungen immer wieder auf sie stoßen.

Auch zu ihrer Zeit gab es bereits mathematische Instrumente für praktisch zu lösende Aufgaben. Die Berichte darüber sind jedoch spärlich, denn die griechischen Mathematiker waren an den praktischen Anwendungen der Mathematik aus philosophischen Gründen nicht interessiert.

Mit mathematischen Instrumenten hantierten damals z. B. Architekten, Astronomen und Landvermesser. Und auch in der Neuzeit waren es vielfach Rechenmeister, Baumeister, Landvermesser, Geographen, Astronomen und Seeleute, die neue *technische* Ideen entwickelten und in ihren Lehrbüchern Hinweise auf brauchbare Instrumente und deren Verwendung zur Lösung praktischer Probleme gaben. So beschreibt z. B. der Ulmer Rechenmeister Johann Faulhaber (1580–1635) ausführlich einen Proportionalzirkel, seine Herstellung und Anwendung sowie ein Instrument zur Herstellung perspektivischer Zeichnungen (Abb. 1.1).

Zugleich spezialisierten sich Handwerker auf die Herstellung mathematischer Instrumente. Waren es zunächst Zirkelschmiede (Abb. 1.2), so wurden es zunehmend Instrumentenbauer und Mechaniker, die *technische* Ideen entfalteten. Gegen Ende des 19. Jahrhunderts ergriff dann die Industrialisierung auch diese Bereiche, vor allem in der Herstellung von Reißzeugen, Messinstrumenten und Rechenmaschinen.

Newe
Geometrische vnd Perspectiui-
sche Inuentiones
Etlicher sonderbahrer In-
strument / die zum Perspectiuischen
Grundreissen der Pasteyen vnnd Vestun-
gen / wie auch zum Planimetrischen Grundlegen
der Stätt / Feldläger vnd Landtschafften / deßgleichen
zur Büchsenmeisterey sehr nützlich vnnd ge-
brauchsam seynd.
Auß demonstriertem vnnd bewehr-
tem Fundament zusammen geordnet / vnd
mit verständlichen Kupfferstücken in
Truck gegeben:
Durch
Johann Faulhabern Rechenmeistern vnd
Modisten / ꝛc. in Vlm.
Getruckt zu Franckfurt am Mayn / bey Wolff-
gang Richtern / in Verlegung Anthonj
Hummen.
M. DC. X.

Abb. 1.1 Titelblatt aus: Johann Faulhaber, *Newe Geometrische vnd Perspectiuische Inuentiones*, Frankfurt 1610

Für die historische Entwicklung der Zeicheninstrumente sei auf [Hambly 1988] verwiesen. Über die Geschichte des Technischen Zeichnens berichtet [Feldhaus 1953]. Eindrucksvolle Beispiele historischer Zeichengeräte zeigen [Avery 2010 und Schillinger 1990].

Abb. 1.2 Nürnberger Zirkelschmied, aus: Jost Amman, *Ständebuch*, Frankfurt 1568

1.1 Lineale

1.1.1 Ideen zum Zeichnen einer Geraden im Gelände

Zum Zeichnen einer geraden Linie im Garten kann man z. B. eine Schnur stramm zwischen zwei Pflöcken spannen und dann entlang dieser „Richtschnur“ eine Linie zeichnen.

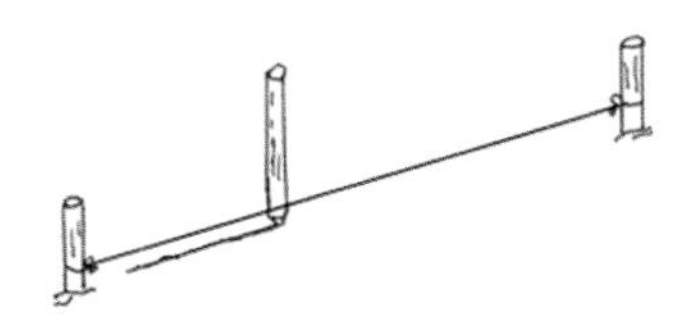

Abb. 1.3 Zeichnen einer Geraden im Garten

Das beruht auf der mathematischen Erkenntnis:

Die Gerade ist die kürzeste Verbindung zwischen zwei Punkten einer Ebene.

Dies ist eine charakteristische Eigenschaft der Geraden, die als *mathematische* Idee dem Verfahren zugrunde liegt.

Zugleich ist sie mit einer *technischen* Idee verbunden, die sich auf die praktische Realisierung bezieht. Hier geht es darum, durch Spannen einer Schnur eine „Hilfslinie" zu gewinnen, an der man sich beim „Zeichnen" orientieren kann. Dazu gehört auch die Wahl von geeigneten Pflöcken, ausreichend langer und fester Schnur sowie eines geeigneten Zeichenstifts. Das alles ist sicher nicht weltbewegend, doch es wird auch heute noch praktiziert und kann zum Nachdenken über ein einfaches praktisches Problem und seine Lösung anregen. Schließlich lässt sich daran bereits unsere angestrebte Betrachtung der verschiedenen Ideen erkennen.

1.1.2 Das Zeichenlineal

Beim Zeichnen von Geraden auf Papier hilft ein *Lineal*. Dabei handelt es sich mehr oder weniger um eine gerade Leiste aus Holz, Metall oder Kunststoff. Moderne Holzlineale haben meist eine Metall- oder Kunststoffkante und besitzen eine Millimeter-Einteilung. Zum Zeichnen von Geraden wird Letztere jedoch nicht benötigt. Ich will sie deshalb vorerst ignorieren. Abb. 1.4 zeigt ein einfaches Lineal aus Messing aus dem 18. Jahrhundert.

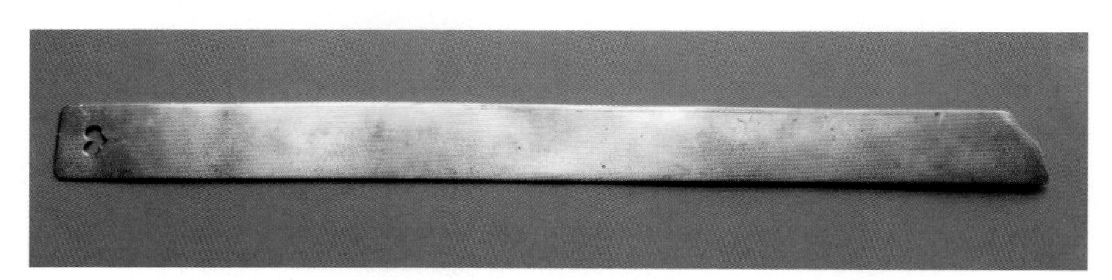

Abb. 1.4 Deutsches Zeichenlineal aus Messing, Anfang des 18. Jahrhunderts

Dieses alte Lineal ist natürlich im Laufe der Jahre etwas mitgenommen: Es ist leicht wellig und zeigt Spuren der Abnutzung. Besonders unangenehm sind einige kleine Scharten an den Kanten. Störend ist auch eine leichte Biegung. Ein alter Test für ein Lineal macht sich folgende Eigenschaft zunutze:

Durch zwei Punkte der Ebene gibt es genau eine Gerade.

Man zeichnet zunächst die Verbindung zweier Punkte längs der zu testenden Kante mit dem Lineal und klappt dann das Lineal um die Kante. Nun zeichnet man wieder eine Verbindungsgerade. Die beiden Geraden sollten zusammenfallen.

Mit einem einwandfreien Lineal kann man übrigens auch eine Ebene prüfen: Eine Fläche ist eben, wenn auf ihr ein Lineal überall anliegt. Das Lineal wird damit als *Richtscheit* benutzt. Dem liegt die mathematische Eigenschaft zugrunde:

Liegen zwei Punkte einer Geraden in der Ebene, so liegen in ihr auch alle anderen Punkte der Geraden.

Die *technische* Idee eines Zeichenlineals besteht darin, eine starre Leiste mit geradlinigen Kanten zu schaffen. Das offene „Herz“ (Abb. 1.4, links im Bild) dient übrigens als Öse zum Aufhängen des Lineals. Natürlich hätte es auch ein einfaches Loch getan, aber hier kam der Schönheitssinn des Handwerkers ins Spiel. Bei genauerer Betrachtung erkennt man neben fein gravierten Linien parallel zu den Kanten in den Ecken kleine gravierte Blüten.

Von einem Lineal erwartet man, dass die Zeichenkante wirklich *gerade* ist. Denkt man an Holzlineale, so ist das keineswegs selbstverständlich, denn Holz arbeitet. Ein älteres Holzlineal kann also verzogen sein. Bei einem Holzlineal ist z. B. das Einziehen einer Stahlkante eine *technische* Idee, um dem Verziehen zu begegnen.

Mit dem Lineal kann man Geraden in unterschiedlichen Richtungen zeichnen. Im Grunde zeichnet man allerdings eigentlich immer nur *Strecken* unterschiedlicher Richtung und Länge. Begrifflich ist übrigens lange nicht zwischen Gerade und Strecke unterschieden worden. Es ist aber sinnvoll, sich beim Zeichnen einer Geraden mit dem Lineal dessen bewusst zu sein, dass man damit nur einen Ausschnitt aus einer Geraden zeichnet. Insbesondere wird das wichtig, wenn es um die Parallelität von Geraden geht. So ergibt sich z. B. die Frage, wie man bei zwei Geraden, die sich offensichtlich auf dem Papier nicht mehr schneiden, entscheiden kann, ob sie parallel sind. Dazu kann man auf folgende Eigenschaft paralleler Geraden zurückgreifen:

Zwei Geraden sind genau dann parallel, wenn eine Senkrechte auf der einen Geraden auch zur anderen Geraden senkrecht ist.

Das lässt sich mit einem *Rechtwinkelmaß* (Abb. 1.5) kontrollieren.

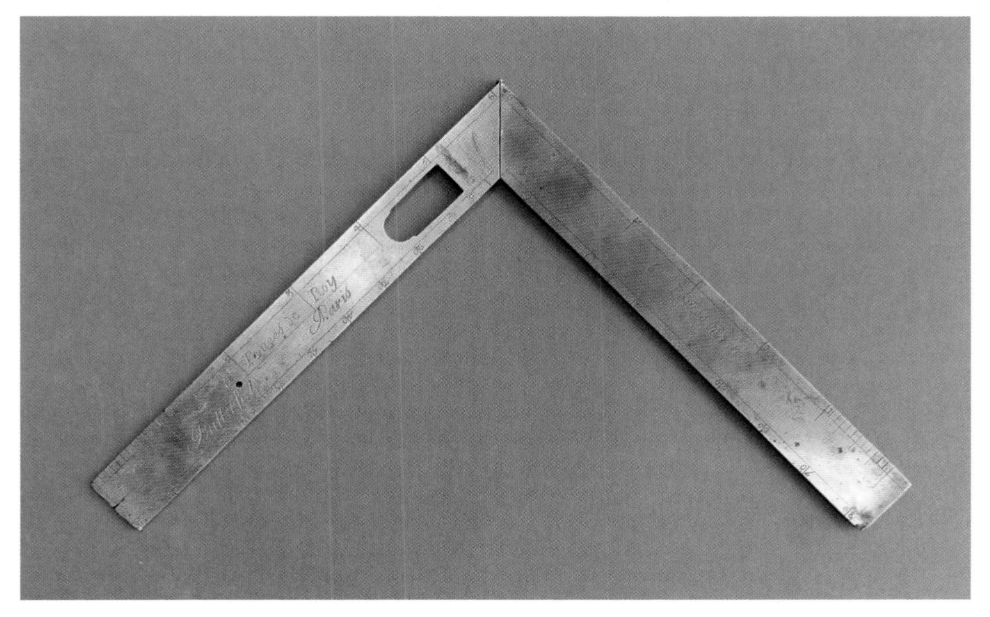

Abb. 1.5 Rechtwinkelmaß von Michael Butterfield, Paris; Ende des 18. Jahrhunderts

1.1.3 Das Roll-Lineal

Will man zu einer Geraden eine *parallele* Gerade zeichnen, dann gelingt das mit dem Lineal nach Augenmaß recht gut, wenn der Abstand der beiden Geraden gering sein soll. Man legt dazu das Lineal an die gezeichnete Gerade und verschiebt es ein wenig.

Bei größeren Abständen kommt dann leicht eine unerwünschte Drehung hinzu. Es gibt verschiedene Möglichkeiten, diese Störung zu vermeiden. Ein Beispiel ist das *Roll-Lineal*, das in England im 18. Jahrhundert für nautische Zwecke entwickelt wurde (Abb. 1.6).

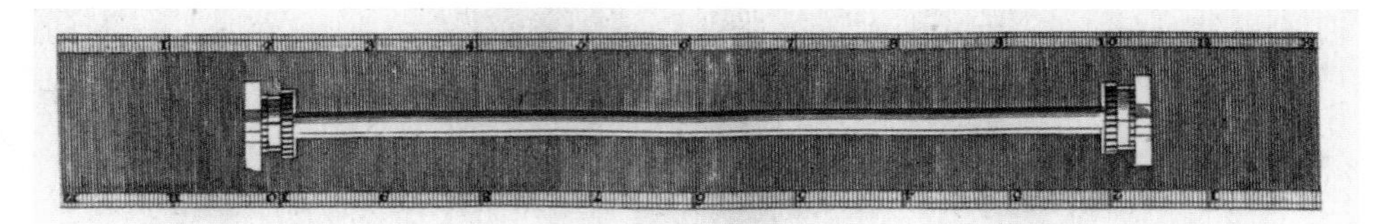

Abb. 1.6 Roll-Lineal, aus: George Adams, *Geometrical and graphical essays*, London 1797[2], plate II

In ein Lineal ist eine Rolle mit geriffelten Rädern integriert, die eine *Verschiebung* parallel zu den langen Kanten ermöglicht. Die zugrunde liegende *mathematische* Idee ist die Durchführung einer *Verschiebung*, denn es gilt:

Bei einer Verschiebung ist das Bild einer Geraden eine zu ihr parallele Gerade.

Die Realisierung einer Verschiebung des Lineals durch die eingebaute Walze und ihre Gestaltung gehören zu den *technischen* Ideen. Die Rolle besteht aus einer langen glatten Rolle, auf der an den Enden geriffelte Rollen gleichen Durchmessers sitzen. Das Anbringen von Führungsknöpfen auf dem Lineal dient der besseren Bedienung (Abb. 1.7).

Abb. 1.7 Roll-Lineal der Fa. Stanley, London, Ende des 19. Jahrhunderts

Roll-Lineale werden auch heute noch für nautische Zwecke in Plexiglas angeboten.

1.1.4 Das Schraffier-Lineal von Richter

Zum Schraffieren mussten Technische Zeichner zueinander parallele Geraden in engem, gleichmäßigem Abstand zeichnen (Abb.1.8). Dazu konnten sie eine Weiterentwicklung des Roll-Lineals verwenden.

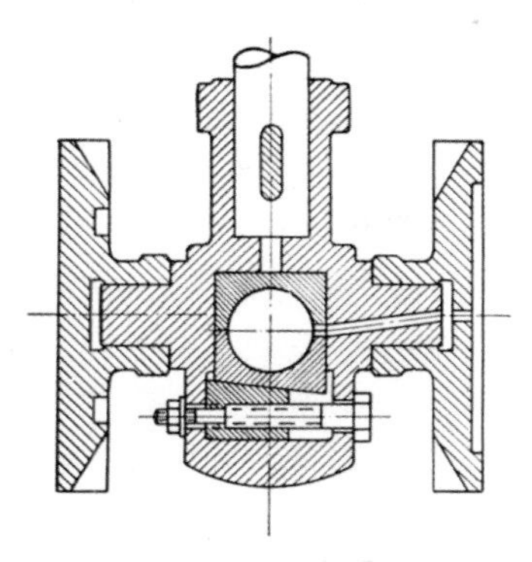

Abb. 1.8 Schraffur aus einem Prospekt der Fa. Haff, Pfronten

Dem von der Fa. E. O. Richter, Chemnitz, gegen Ende des 19. Jahrhunderts entwickelten *Schraffier-Lineal* liegt die *technische* Idee zugrunde, für ein Roll-Lineal eine Vorrichtung zu konstruieren, mit der das Lineal durch Tastendruck jeweils um ein bestimmtes Stück verschoben werden kann (Abb. 1.9).

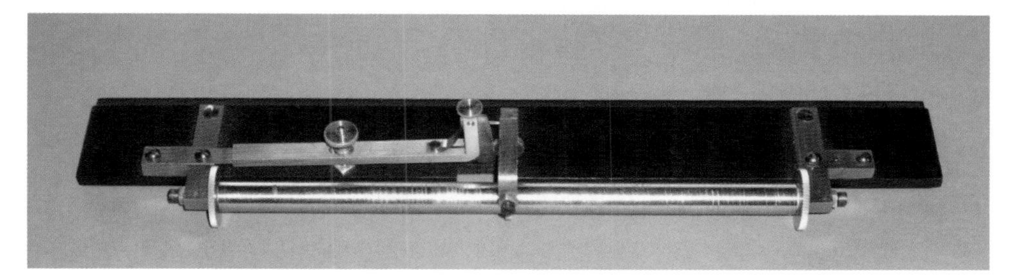

Abb. 1.9 Schraffier-Lineal der Fa. E. O. Richter, Chemnitz, Anfang des 20. Jahrhunderts

Dazu ist an der Rolle ein Zahnrad angebracht, in das der Taster über ein Zahnsegment eingreift, sodass die Rolle bei jedem Tasten um den gleichen Winkel weitergedreht wird. Im Detail finden sich etliche weitere *technische* Ideen z. B. in der Gestaltung der Taste, sodass sich unterschiedliche Abstände beim Vorschub des Lineals einstellen lassen. Einen Einblick ins Detail gibt Abb. 1.10.

Abb. 1.10 Mechanik des Schraffier-Lineals

1.1.5 Die Schraffierapparate von Riefler und Haff

Eine uralte Vorrichtung zum Zeichnen von Parallelen mit Hilfe eines rechtwinkligen *Zeichendreiecks*, das längs eines *Lineals* (Abb. 1.11) oder der Kanten eines *Reißbretts* verschoben wird, beruht auf der Eigenschaft:

Geraden, die eine Gerade unter gleichen Winkeln schneiden, sind zueinander parallel.

Abb. 1.11 Verschiebung eines Zeichendreiecks längs eines Lineals

Von den Firmen C. Riefler in Nesselwang und Haff in Pfronten wurden auf der Grundlage dieser *mathematischen* Idee andere *technische* Ideen entwickelt. Bei dem Instrument der Fa. C. Riefler kann man an einem Lineal ein anderes durch Tastendruck entlangschieben, dessen Neigung sich einstellen lässt. Durch die unterschiedliche Neigung lassen sich die Abstände verändern (Abb. 1.12). Der Vorschub erfolgt durch eine Zahnung.

Abb. 1.12 Schraffierapparat der Fa. C. Riefler, Nesselwang

Weitere *technische* Ideen beziehen sich auch auf die Handhabung. So kann man z. B. die Zahnung trennen, um das Instrument zurückzustellen.

Dem Schraffierapparat der Fa. Haff liegt im Prinzip die gleiche *mathematische* Idee zugrunde. *Technisch* erfolgt der Vorschub eines auswechselbaren Lineals auf einer Stange durch Tastendruck. Hier sind die Abstände des Vorschubs einstellbar. Handwerklich haben die *technischen* Ideen zu einer erstaunlich einfachen und präzisen Lösung geführt. Diese Instrumente werden immer noch hergestellt (Abb. 1.13).

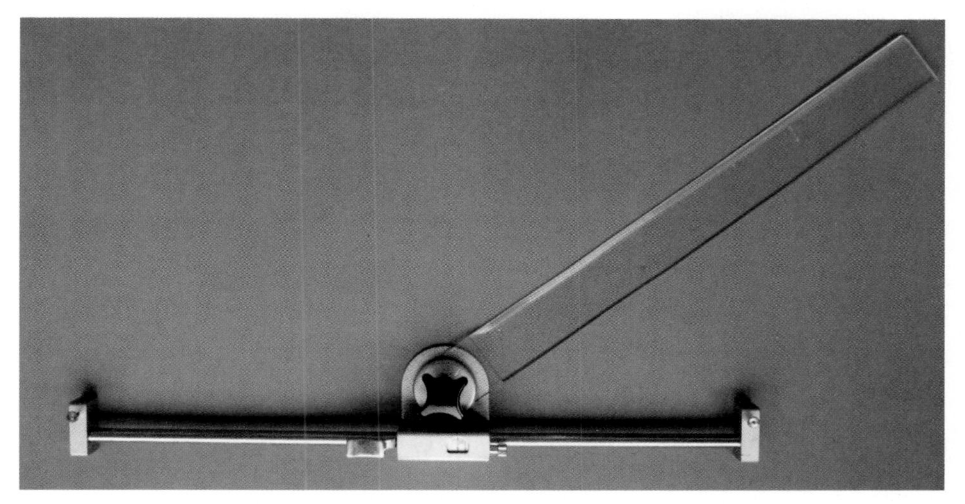

Abb. 1.13 Schraffierapparat der Fa. Haff, Pfronten

1.1.6 Das Parallel-Lineal

Bereits im 18. Jahrhundert gehörten Parallel-Lineale zur Ausstattung von Zirkelkästen. *Mathematische* Idee ist die Erzeugung eines Parallelogramms. Sie beruht auf der Eigenschaft:

Ein Viereck mit gleich langen Gegenseiten ist ein Parallelogramm.

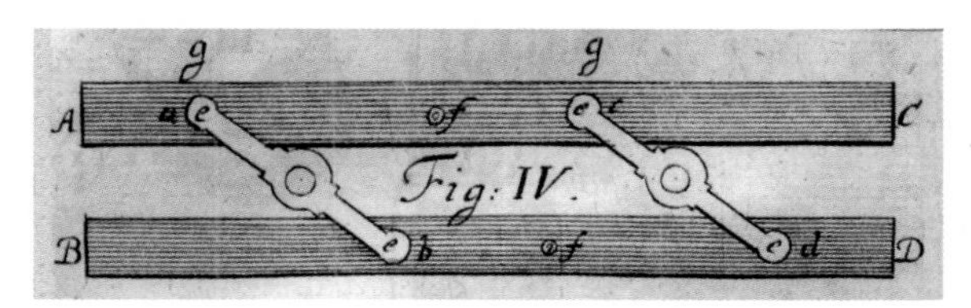

Abb. 1.14 Parallel-Lineal, aus: Jakob Leupold, *Theatrum arithmetico-geometricum*, Leipzig 1727, Tab. XXI

Die *technische* Idee besteht darin, auf den beiden gleichartigen Linealen zwei Querstreben so anzubringen, dass ein Viereck entsteht, bei dem die Gegenseiten parallel sind, und dafür zu sorgen, dass ein Seitenpaar den Kanten der Lineale parallel ist (Abb. 1.14).

Weitere *technische* Ideen beziehen sich auf die Länge und die Anbringung der Querstreben sowie das Vorsehen von geeigneten Griffen. Auch bei der Gestaltung der Querstreben bemerkt man bei den historischen Instrumenten ein ästhetisches Bestreben (Abb. 1.15).

Abb. 1.15 Parallel-Lineal aus Elfenbein der Fa. Elliott Brothers, London, Ende des 19. Jahrhunderts

Derartige Parallel-Lineale, jedoch meist aus Plexiglas hergestellt, werden bis heute in der Nautik verwendet.

1.1.7 Zur Geometrie der Parallelzeichner

Mit einem normalen Lineal lassen sich Geraden, Halbgeraden und Strecken zeichnen. Als besondere Figuren ergeben sich Geradenbüschel, bei denen sich die Geraden in einem Punkt schneiden, oder (allgemeine) Dreiecke, Vierecke, usw.

Mit *Parallelzeichnern* (auch ohne Skala) kann man sogar Parallelogramme zeichnen. Allerdings gibt es in dieser Geometrie z. B. keine rechten Winkel.

Doch man kann z. B. eine Strecke halbieren. Dazu zeichnet man um diese Strecke ein Parallelogramm, bei dem die gegebene Strecke eine Diagonale ist (Abb. 1.16). Nun zeichnet man die andere Diagonale ein, die dann tatsächlich die gegebene Strecke halbiert, denn:

Im Parallelogramm halbieren die Diagonalen einander.

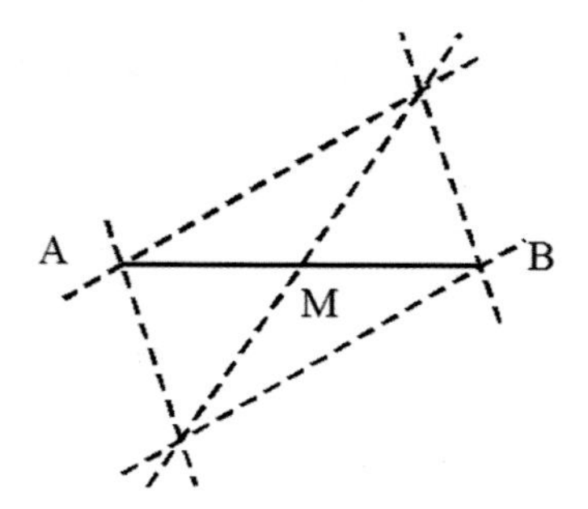

Abb. 1.16 Halbieren einer Strecke mit einem Parallelzeichner

1.1.8 Streckenteiler

Auch zum Teilen einer Strecke $\overline{AB}$ in drei gleich lange Teile kann man ein Parallel-Lineal verwenden (Abb. 1.17). Dazu zeichnet man einen beliebigen Strahl von einem Endpunkt aus und trägt auf ihm mit einem Zirkel dreimal nacheinander eine beliebig lange Strecke ab. Nun verbindet man den letzten erhaltenen Punkt mit dem anderen Endpunkt der Strecke und zeichnet mit dem Parallel-Lineal Parallelen durch die beiden anderen Punkte. Sie liefern die beiden gesuchten Teilpunkte der Strecke.

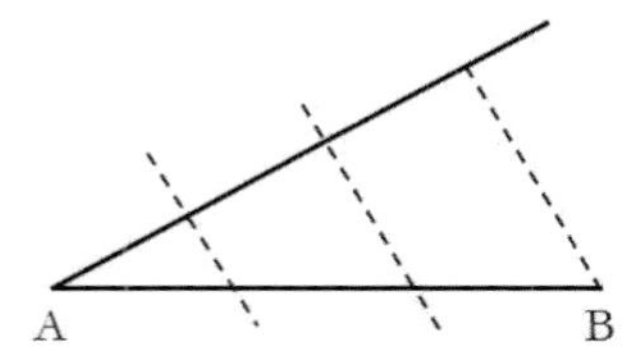

Abb. 1.17 Dreiteilung einer Strecke mit Zirkel und Parallel-Lineal

Auf ähnliche Weise kann man die Strecke auch in 4, 5, 6, … gleich lange Teile teilen. Doch auch bei dieser Aufgabe hat der menschliche Erfindergeist nicht geruht. Das Ergebnis war der *Streckenteiler* von Abb. 1.18.

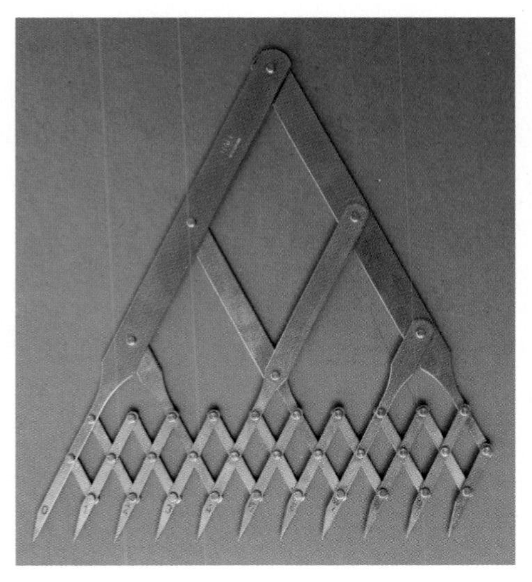

Abb. 1.18 Streckenteiler der Fa. Haff, Pfronten

Dieses Instrument kann Strecken unmittelbar in bis zu 10 gleiche Teile teilen. Beim Öffnen des Instruments bleiben die Verhältnisse der Teilpunkte erhalten. Das lässt sich *mathematisch* mit Hilfe der Rauten begründen. Bei der *technischen* Idee handelt es sich um eine Weiterentwicklung der „Nürnberger Schere“. Will man eine Strecke in weniger als 10 gleiche Teile teilen, so beschränkt man sich auf die entsprechende Zahl von Spitzen.

1.2 Zirkel

1.2.1 Ideen zum Zeichnen eines Kreises im Gelände

Ähnlich wie eine Gerade kann man auch einen Kreis im Garten zeichnen, indem man einen Pflock einschlägt, diesen durch eine Schnur mit einem Stift verbindet und ihn dann um den Pflock in konstantem Abstand herumführt (Abb. 1.19). Das ergibt einen Kreis, denn:

Alle Punkte, die von einem festen Punkt gleichen Abstand haben, liegen auf einem Kreis.

Darauf beruht die *mathematische* Idee, die dieser Vorrichtung zugrunde liegt.

Ihre *technische Idee* bezieht sich auf die praktische Realisierung. Hier geht es darum, durch Spannen einer Verbindungsschnur für den immer gleichen Abstand zwischen Pflock und Zeichenstift zu sorgen und einen Kreis zu zeichnen.

Abb. 1.19 Zeichnen eines Kreises im Sand

Die Wahl eines geeigneten Pflocks, ausreichend langer und fester Schnur sowie eines geeigneten Zeichenstifts ist ebenfalls durch eine *technische* Idee bestimmt. Das schließt auch die Idee zum leichten Zusammenlegen der Vorrichtung ein.

1.2.2 Der Zirkel

Der klassische Zirkel besteht aus zwei *Schenkeln*, die sich um einen gemeinsamen Drehpunkt im *Gelenk* bewegen lassen und in *Spitzen* münden, sodass man mit ihnen Kreise anreißen kann (Abb. 1.20). Diesem Instrument liegt die bereits erwähnte *mathematische* Idee zugrunde. Der „Winkel“, dessen Schenkel sich öffnen und schließen lassen, ist die entscheidende *technische* Idee. Der beim Zeichnen konstante Abstand der Schenkelspitzen sorgt dafür, dass ein Kreis entsteht. Wegen der Drehbarkeit der Schenkel sind unterschiedliche Radien um beliebige Mittelpunkte möglich.

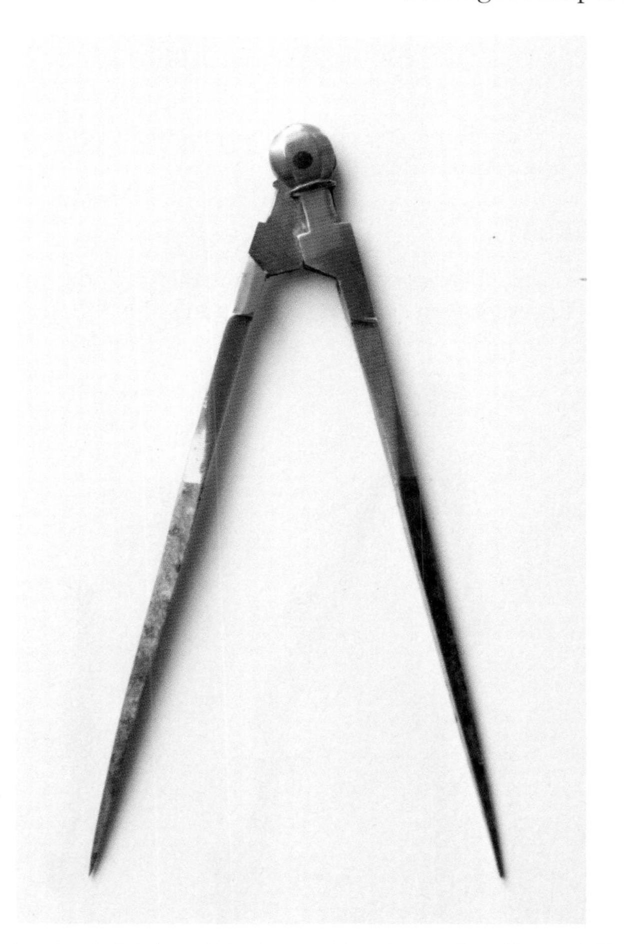

Abb. 1.20 Deutscher Stechzirkel aus Messing und Stahl zum Anreißen; 18. Jahrhundert

Kritisch beim Arbeiten mit dem Zirkel ist die Beweglichkeit der Schenkel um den Drehpunkt des Instruments. Einerseits müssen die Schenkel ruckfrei bewegt werden können, um bestimmte Radien leicht einstellen zu können. Andererseits müssen die Schenkel so fest stehen, dass sich der Radius beim Zeichnen nicht verändert. Ist das nicht der Fall, dann ist es schwierig, einen sich schließenden Kreisbogen zu zeichnen. Das ist in Abb. 1.21 schief gegangen.

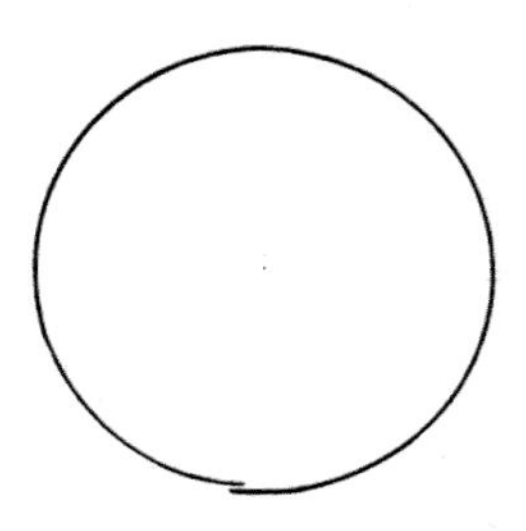

Abb. 1.21 Ein sich nicht schließender „Kreisbogen"

Abb. 1.22 Geschraubtes Gelenk an einem deutschen Zirkel aus Neusilber und Stahl; 19. Jahrhundert

Den Druck am Scheitel mit einer Schraube ändern zu können, ist ebenfalls eine wichtige *technische* Idee (Abb. 1.22).

1.2.3 Einsatzzirkel

Zum Zeichnen wurden allerdings bald Zirkel mit Bleistift oder mit Ziehfeder benötigt. Als *technische* Lösung boten sich *Einsatzzirkel* an (Abb. 1.23).

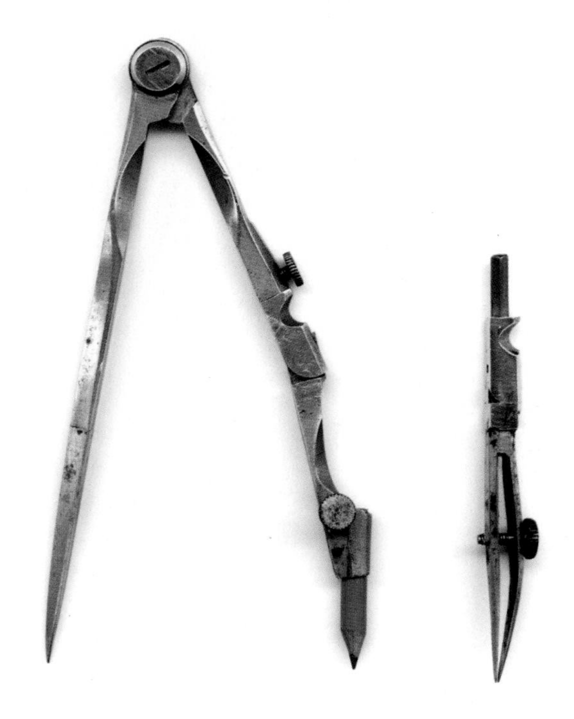

Abb. 1.23 Englischer Einsatzzirkel mit Bleistift- und Ziehfedereinsatz, 19. Jahrhundert

Vergleicht man die Zirkelgelenke in Abb. 1.22 und Abb. 1.23, so fällt auf, dass sich die Schraubenköpfe unterscheiden. Sie folgen unterschiedlichen *technischen* Ideen.

1.2.4 Zirkelprofile

Das klassische *Kantenprofil* der Zirkel mit der *Griffmulde* wurde gegen Ende des 19. Jahrhunderts von der Fa. C. Riefler in Nesselwang durch das *Rundsystem* und von der Fa. E. O. Richter in Chemnitz durch das *Flachsystem* abgelöst (Abb. 1.24).

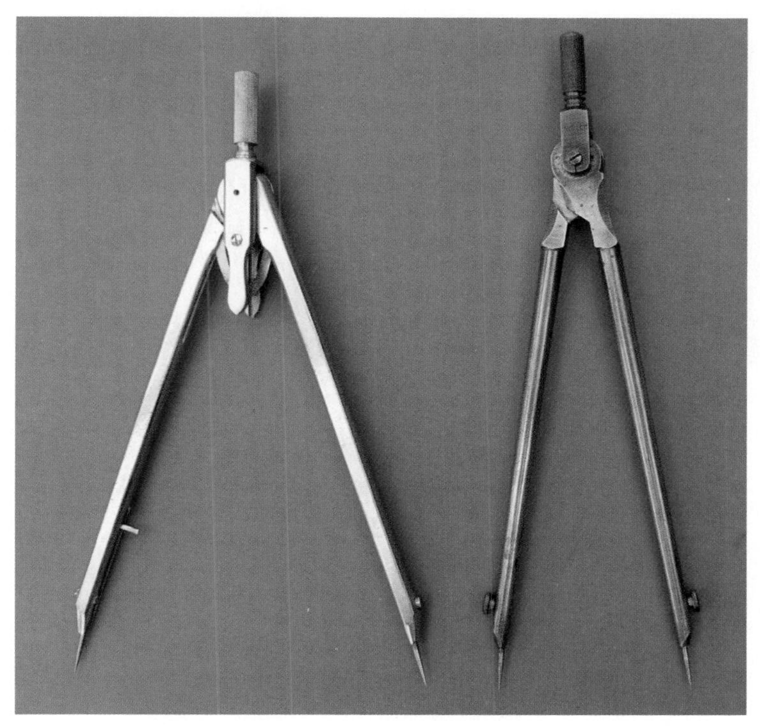

Abb. 1.24 Links das Flachsystem der Fa. E. O. Richter, Chemnitz; rechts das Rundsystem der Fa. C. Riefler, Nesselwang; beide aus der 1. Hälfte des 20. Jahrhunderts

Diese Systeme erleichterten die maschinelle Herstellung der Zirkel. Es mag überraschen, dass in beiden Fällen das Rohmaterial als „Draht“ auf großen Rollen angeliefert und weitgehend automatisch verarbeitet wird. Das wird in Abb. 1.25 durch einen Blick in die Fertigungshalle der Fa. Boden in Wilhelmsdorf deutlich.

Die neuen Systeme lösten vor allem in USA zunächst Bedenken aus, ob sie genauso präzise arbeiteten wie das traditionelle System. Diese Zweifel erwiesen sich jedoch bald als unbegründet. Inzwischen hat sich das Flachsystem weltweit durchgesetzt. Ich will die beiden Systeme als Ausdruck unterschiedlicher *technischer* Ideen ansehen.

Vergleicht man die *Griffe* der beiden Zirkel in Abb. 1.24, so fällt sofort der Unterschied ins Auge. Offensichtlich liegen den Instrumenten auch hier unterschiedliche *technische* Ideen zugrunde. Bei den Zirkeln von Richter behält der Griff unabhängig von der Zirkelöffnung seine Richtung in der Symmetrieachse des Instruments bei, während der Griff bei Riefler sich erst bei der Drehung in die Richtung der Achse stellt.

Abb. 1.25 Zirkelfertigung der Fa. Boden, Wilhelmsdorf; aus dem Prospekt zum 100-jährigen Firmenjubiläum 1992

1.2.5 Parallel-Zirkel

Im Laufe der Entwicklung der Zirkel kann man eine Fülle neuer technischer Erfindungen beobachten, die vielfach patentiert wurden.

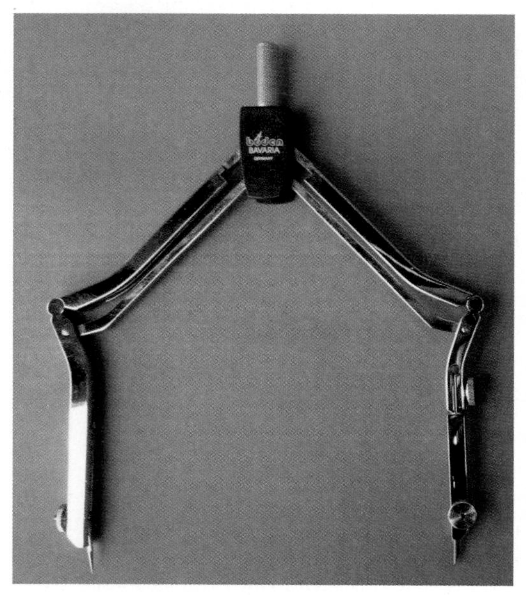

Abb. 1.26 Der Parallel-Zirkel von Lotter in der Fertigung der Fa. Boden, Wilhelmsdorf, 2. Hälfte des 20. Jahrhunderts

Als ein besonders interessantes Beispiel soll hier der von Johann Christian Lotter aus Emskirchen erfundene *Parallel-Zirkel* betrachtet werden (Abb. 1.26). Man macht sich klar, dass hier bei Öffnung des Zirkels Spitze und Zeichenstift stets parallel zueinander und beim Zeichnen senkrecht zum Zeichenblatt stehen. Offensichtlich werden dadurch bei größeren Öffnungen Ungenauigkeiten vermieden. Erreicht wird das durch zwei Führungen parallel zu den „Oberschenkeln". Dieser *technischen* Idee liegt eine Eigenschaft von Parallelogrammen, also eine *mathematische* Idee, zugrunde. Das ist ein hübsches Beispiel dafür, wie eng verbunden mathematische und technische Ideen bei den Instrumenten sein können.

Den Parallel-Zirkel kann man bis zu einem Radius von 12,5 cm öffnen. Auch wenn man eine Verlängerung ansetzen kann, kommt man über einen Radius von etwa 25 cm nicht hinaus. In der Praxis sind freilich durchaus Kreise mit deutlich *größeren* Radien zu zeichnen. Hier können Stangenzirkel weiterhelfen.

1.2.6 Stangenzirkel

Stangenzirkel aus Holz gibt es seit alter Zeit. Der Stangenzirkel in Abb. 1.27 wurde zum Zeichnen von Kreisen im Gelände verwendet. Das Holz mit der Zeichenspitze ist verschiebbar und erlaubt es, Kreise bis zu 1 m Radius zu zeichnen.

Abb. 1.27 Stangenzirkel aus Holz für Kreise in der Landschaft bis zu 1 m Radius

Und es gab auch zierlichere Stangenzirkel aus Holz (Abb. 1.28).

Abb. 1.28 Zierlicher Stangenzirkel aus Holz für Kreise bis zu einem Radius von 50 cm; 19. Jahrhundert

Die bekannten Zirkelbauer boten Stangenzirkel aus Metall an, auf denen Spitzen- und Zeichenansätze senkrecht zur Stange verschoben werden konnten (Abb. 1.29). Häufig waren die Stangen zerlegbar, sodass die Zirkel in handlichen Futteralen untergebracht werden konnten.

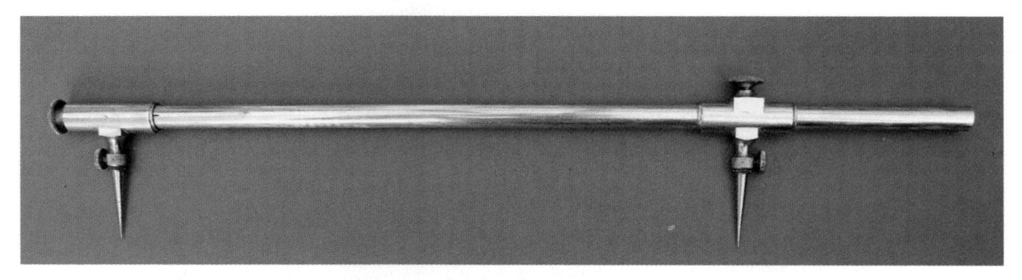

Abb. 1.29 Stangenzirkel der Fa. C. Riefler, Nesselwang

Die Beispiele machen deutlich, dass die Entwicklung dieser Instrumente im Wesentlichen durch *technische* Ideen bestimmt ist, durch die der Gebrauch erleichtert werden soll. Im Übrigen wird dabei durchaus auch auf bewährte Bauteile anderer Zirkel zurückgegriffen. Man denke etwa an die Spitzen-, Bleistift- und Federeinsätze.

1.2.7 Fallnullenzirkel

Im Jahr 1905 erhielt die Fa. E. O. Richter in Chemnitz das Patent für einen *Fallnullenzirkel* nach dem Zweifedersystem (Abb. 1.30).

KAISERLICHES PATENTAMT.

PATENTSCHRIFT

— № 175890 —

KLASSE **42a.** GRUPPE 6.

E. O. RICHTER & CO. IN CHEMNITZ I. S.

Nullzirkel nach dem Zweifedersystem.

Patentiert im Deutschen Reiche vom 5. Dezember 1905 ab.

Abb. 1.30 Patentschrift aus dem Jahr 1905

Bei diesem Instrument steht der Schenkel mit der Spitze senkrecht fest auf dem Papier. Der Schenkel mit dem Schreibzeug kann sich frei um den festen Schenkel bewegen und wird durch sein Eigengewicht auf das Papier gedrückt. Die patentierte Erfindung bezog sich auf die Befestigung des Einsatzteils und der Stellschraube am beweglichen Schenkel.

Mit dem Fallnullenzirkel kann man Kreise mit *kleinen* Radien zeichnen. Wie man ihn bedient, macht eine Zeichnung aus dem Katalog von 1927 deutlich (Abb. 1.31).

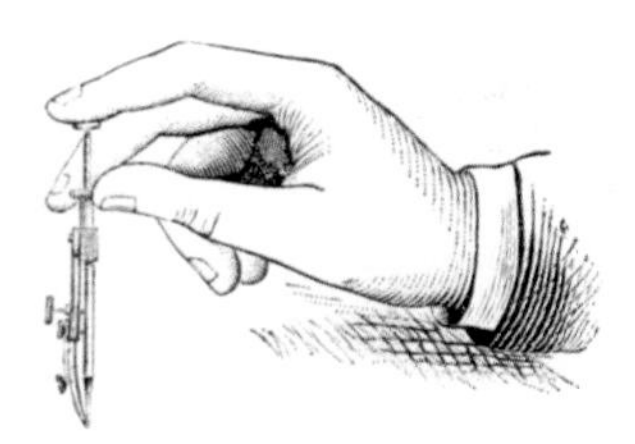

Abb. 1.31 Bedienung des Fallnullenzirkels, aus dem Katalog der Fa. E. O. Richter, Chemnitz 1927

Das Patent beinhaltet mit der Doppelfeder als Befestigung und der Verschraubung des Einsatzteils neue *technische* Ideen. Als Vorzüge dieser Erfindung werden genannt: Vereinfachung bei der Befestigung des Einsatzteils, gefälligeres Aussehen und ein beträchtlicher Gewinn an Standfestigkeit des Zirkels.

1.2.8 Stechzirkel

Frühe Zirkel hatten lediglich Spitzen, mit denen Kreise *angerissen* wurden. Bis heute verwenden Handwerker immer noch derartige Zirkel. Aber auch in modernen Zirkelkästen findet sich dieser Zirkeltyp. Die *Stechzirkel* werden beim Konstruieren verwendet, um Streckenlängen abzutragen. Man kann sie daher als Instrumente zum *Kopieren* ansehen. Da hierbei eine Veränderung der Spannweite besonders störend wäre, wurden die *Stellzirkel* entwickelt, bei denen man die Spannweite mit einem Spindeltrieb fest einstellen kann (Abb. 1.32).

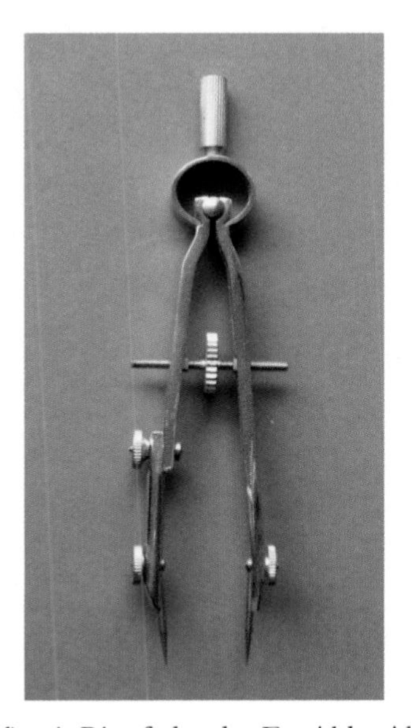

Abb. 1.32 Stellzirkel (Teilzirkel) mit Ringfeder der Fa. Alda, Altendambach

1.2.9 Einhandzirkel

Für nautische Zwecke wurde ein Zirkel entwickelt, mit dem man auf einer Seekarte Strecken mit *einer* Hand übertragen kann.

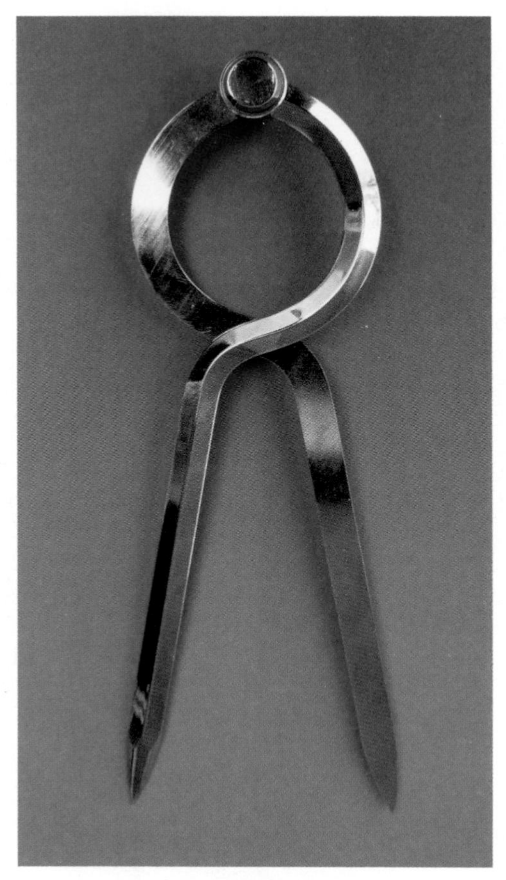

Abb. 1.33 Einhandzirkel der Fa. Boden, Wilhelmsdorf, aus den 1990er Jahren

Die *technische* Idee des *Einhandzirkels* ist genial: Die beiden Schenkel des Zirkels sind so gebogen, dass man mit der Innenhand durch Druck die Schenkel des Zirkels spreizen und mit Daumen und Zeigefinger die Schenkel zusammendrücken kann (Abb. 1.33).

1.2.10 Dreibeinige Zirkel

Zu den Stechzirkeln gehören auch dreibeinige Zirkel. Sie dienen zum *Kopieren* von Dreiecken, denn Dreiecke sind durch die drei Eckpunkte festgelegt. Das ist die einfache *mathematische* Idee dieser Instrumente, aus der sich unmittelbar die *technische* Idee ergibt. Es gibt im Prinzip zwei Typen: Zum einen kann man diese Zirkel als spezielle Instrumente mit zwei Gelenken konstruieren (Abb. 1.34).

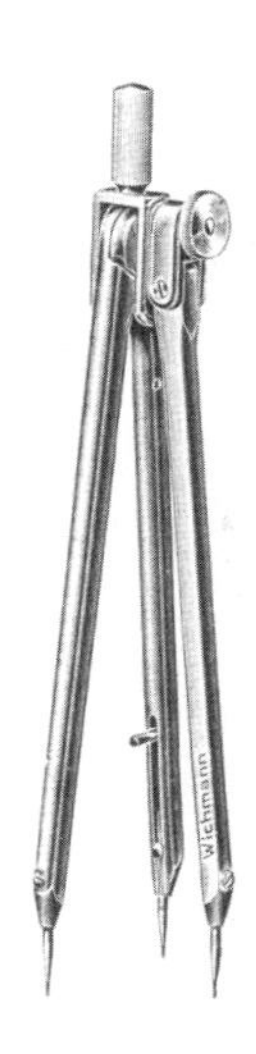

Abb. 1.34 Dreibeiniger Zirkel, aus einem Katalog der Fa. Gebr. Wichmann, Berlin, aus den 1930er Jahren

Zum anderen kann man auch eine Konstruktion entwickeln, bei der ein zweibeiniger Stechzirkel durch Anmontieren eines dritten Schenkels zu einem dreibeinigen Zirkel erweitert werden kann. Wie die Frage der Gelenke gelöst wird, erfordert ebenfalls *technische* Ideen.

Die Geometrie des dreibeinigen Zirkels wurde 1915 von Johannes Hjelmslev (1873–1950) im Rahmen geometrischer Experimente untersucht.

1.2.11 Reduktionszirkel

Der flandrische Instrumentenbauer Levin Hulsius (1546–1606) stellte 1607 in einem postum erschienenen Traktat den von Jost Bürgi (1552–1632) in Kassel erfundenen „circinus proportionis" dar (Abb. 1.35) [Mackensen 1988[3]].

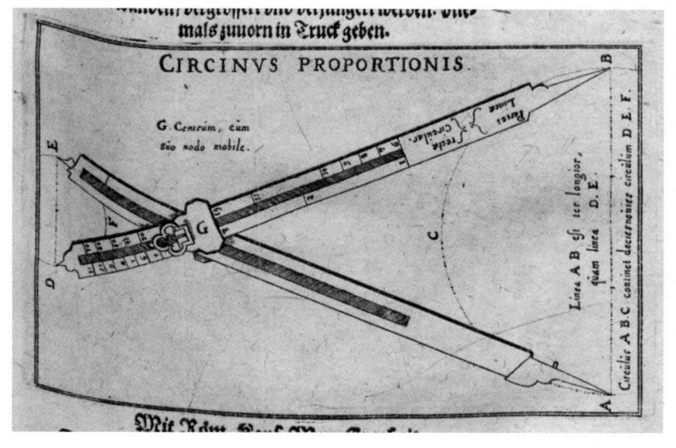

Abb. 1.35 Der Proportionalzirkel von Jost Bürgi, aus: Levin Hulsius, *Beschreibung vnd Vnterricht deß Jobst Burgi Proportional-Circkels*, Frankfurt 1607

Für dieses von Bürgi „Proportionalzirkel“ genannte Instrument hat sich die Bezeichnung *Reduktionszirkel* eingebürgert, um eine Verwechslung mit dem Proportionalzirkel von Galileo Galilei (S. 97) zu vermeiden. Es handelt sich um einen *Doppelzirkel*, bei dem die Schenkel sich in einem Drehpunkt G kreuzen. Der Drehknopf ist verschiebbar. Je nach seiner Lage stehen die beiden Schenkelöffnungen $\overline{AB}$ und $\overline{DE}$ jeweils in einem festen Verhältnis, denn die Dreiecke ABG und DEG sind *ähnlich*. In Abb. 1.35 beträgt das Verhältnis $\overline{AB} : \overline{DE} = 3 : 1$. Nimmt man also irgendeine Länge in die weite Zirkelöffnung, so wird diese in der engen Zirkelöffnung auf ein Drittel reduziert. Daraus erklären sich seine Bezeichnung und sein Verwendungszweck als Werkzeug zum Verkleinern einer Konstruktionszeichnung.

Es gibt derartige Instrumente bis heute. In Abb. 1.36 wird ein englischer Reduktionszirkel gezeigt.

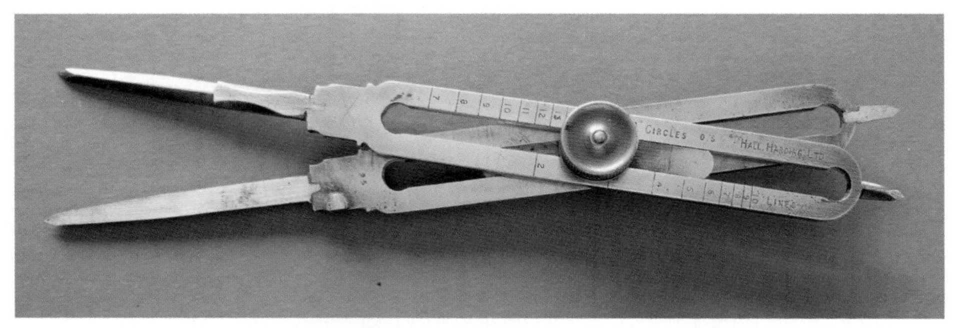

Abb. 1.36 Englischer Reduktionszirkel aus Messing mit Stahlspitzen der Fa. Hall Harding, London, 19. Jahrhundert

Es gab auch Reduktionszirkel aus Holz für *künstlerische* und *handwerkliche* Zwecke (Abb. 1.37), bei denen die Spitzen zum Abtasten gebogen sind.

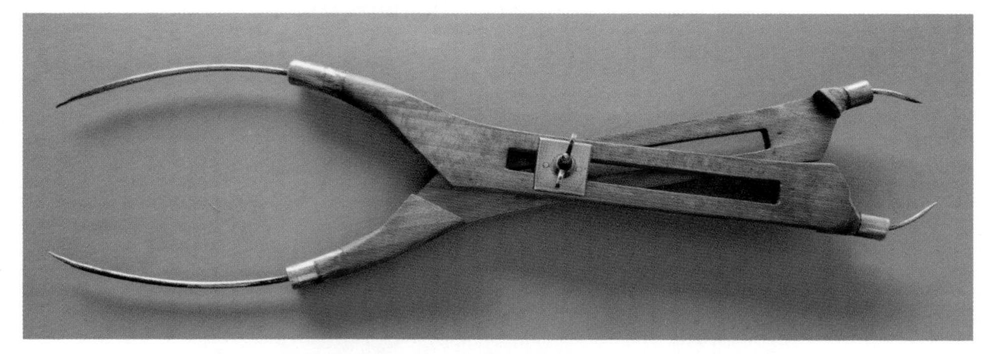

Abb. 1.37 Reduktionszirkel aus Holz mit Stahlspitzen, 20. Jahrhundert

Die *mathematische* Idee dieses Instruments besteht also darin, mit den sich kreuzenden verlängerten Schenkeln *ähnliche Dreiecke* zu erzeugen. Der besondere *technische* Pfiff ist die Verschiebbarkeit des Gelenks und damit die Möglichkeit, verschiedene Verhältnisse einzustellen.

1.3 Kurvenzirkel

1.3.1 Ellipsenzirkel

Den Zirkeln zum Zeichnen von Kreisen liegt immer die gleiche *mathematische* Eigenschaft des Kreises zugrunde, die ja auch in der Elementargeometrie verwendet wird. Bei den Ellipsen dagegen lassen sich unterschiedliche Eigenschaften zur Konstruktion benutzen [z. B. Schupp 2000].

Die *Gärtnerkonstruktion* beruht auf dem Satz:

Die Menge aller Punkte der Ebene, deren Abstandssumme von zwei festen Punkten konstant ist, ist eine Ellipse.

Abb. 1.38 Zeichnen einer Ellipse im Sand nach der „Gärtnerkonstruktion"

Bei dieser Konstruktion wird eine Schlinge um die beiden Pflöcke an den festen Punkten gelegt. Diese wird nun mit dem Zeichenstock stramm gespannt und dann um die beiden Pflöcke geführt (Abb. 1.38).

Die *Papierstreifenkonstruktion* beruht dagegen auf dem Satz:

Bewegen sich die Endpunkte A, B einer Strecke $\overline{AB}$*, die durch einen Punkt P geteilt wird, auf zueinander senkrechten Geraden, so beschreibt der Teilpunkt P eine Ellipse. Für die Halbachsen a und b gilt:* $a = \overline{AP}$ und $b = \overline{PB}$.

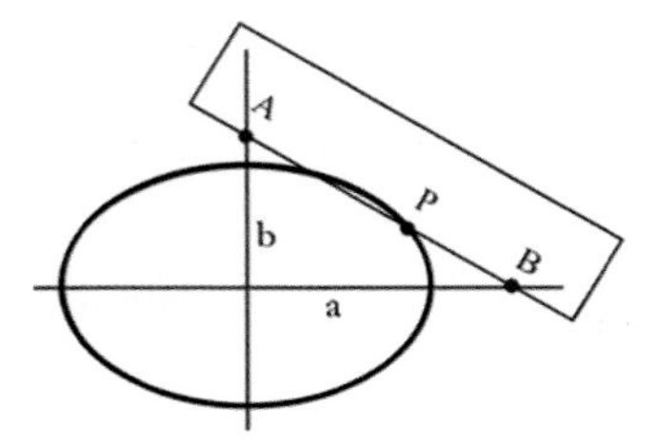

Abb. 1.39 Papierstreifenkonstruktion 1. Art

Man zeichnet an den Rand eines Papierstreifens die drei Punkte A, B und P, führt die Punkte A und B über die Achsen und führt den Bleistift am Punkt P über die Ebene. Dabei entsteht eine Ellipse (Abb. 1.39).

Es gibt eine Fülle weiterer Eigenschaften der Ellipse, die zu Konstruktionen verwendet werden können. Einige dieser Eigenschaften sind auch grundlegend für *Ellipsenzirkel.* Im Folgenden sollen einige Ellipsenzirkel untersucht werden, die aus dem 19. und 20. Jahrhundert stammen. Es geht mir darum, zunächst die Funktionsweise zu beschreiben, die zugrunde liegende Ellipseneigenschaft als *mathematische* Idee anzugeben und dann die *technische* Idee herauszuarbeiten.

1.3.2 Der Ellipsenzirkel von Stanley

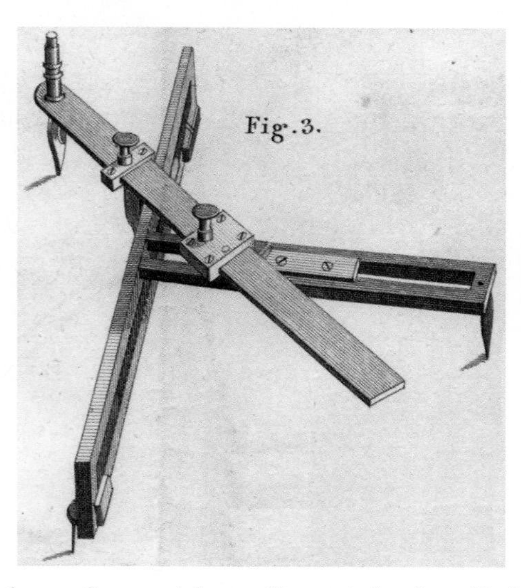

Abb. 1.40 Ellipsenzirkel, aus: George Adams, *Geometrical and graphical essays*, London 1797[2], plate XI

An dem klassischen Vorbild des von George Adams (1750–1795) dargestellten Ellipsenzirkels (Abb. 1.40) orientierte sich der Ellipsenzirkel der berühmten englischen Firma W. F. Stanley, London (Abb. 1.41).

Auf zwei zueinander senkrechten Schienen läuft auf zwei Zapfen eine Stange, an deren Ende sich ein Bleistift befindet. Das Instrument zeichnet eine halbe Ellipse. Die Konstruktion beruht auf dem Satz:

Bewegen sich ein Endpunkt A und ein innerer Punkt B einer Strecke $\overline{AP}$ auf zueinander senkrechten Geraden, so beschreibt der andere Endpunkt P der Strecke eine Ellipse.

Auch hier spricht man von einer Papierstreifenkonstruktion als *mathematischer* Idee dieses Instruments (Abb. 1.42).

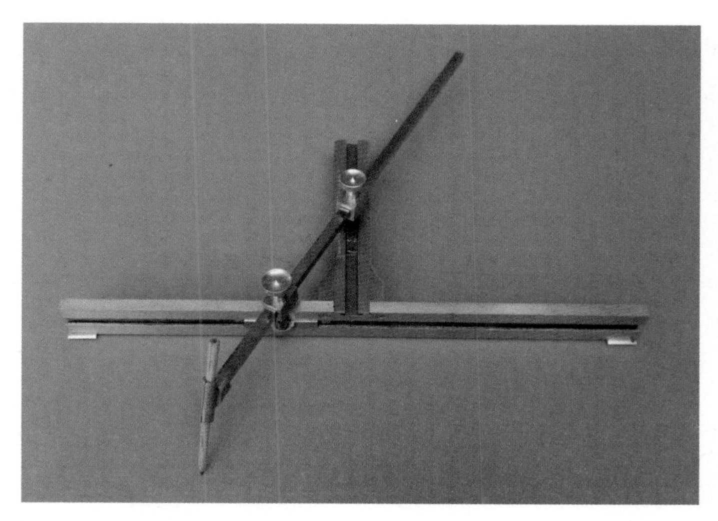

Abb. 1.41 Ellipsenzirkel der Fa. Stanley, London

Die Realisierung dieses Instruments in Metall zeigt unmittelbar, wie die *mathematische* Idee in eine *technische* Idee übersetzt wurde.

Durch Verschieben der Zapfen lassen sich verschiedene Halbachsen einstellen. An der Papierstreifenkonstruktion 2. Art macht man sich klar, wie man an dem Ellipsenzirkel die Größe der Halbachsen a und b festlegt:

$$\overline{AP} = a; \ \overline{BP} = b.$$

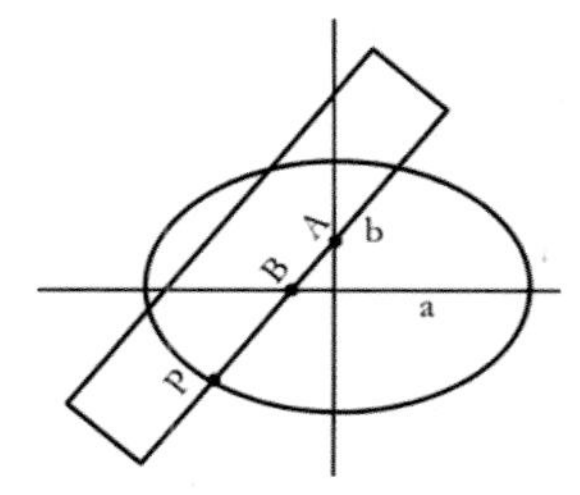

Abb. 1.42 Papierstreifenkonstruktion 2. Art

Auch der Befestigung der Bolzen und der Bleistifthalterung liegen *technische* Ideen zugrunde.

1.3.3 Der Ellipsenzirkel von Schilling

Bei dem Instrument in Abb. 1.43 der Fa. Schilling, Halle, handelt es sich um einen *Ellipsographen,* der auf John Farey, London, zurückgeht [Hambly 1988, S. 90]. Bei ihm gleiten zwei Kreise gleichen Durchmessers jeweils zwischen zwei zueinander parallelen Schienen, die ein Quadrat bilden. Diese beiden Kreise sind gegeneinander versetzt und durch Stellschrauben miteinander verbunden. Im Innern der Verbindungsstrecke ist ein Zeichenstift angebracht. Die beiden Kreise lassen sich nun zusammen in dem Rahmen drehen. Dabei beschreibt der Stift eine Ellipse.

Abb. 1.43 Ellipsograph der Fa. Schilling, Halle, um 1910

Die *mathematische* Idee, die diesem Instrument zugrunde liegt, erschließt sich dem Betrachter nicht unmittelbar. Die entscheidende Erkenntnis findet man in einem typischen Problemlöseprozess: Beim Drehen der zusammenhängenden Kreise bewegen sich deren Mittelpunkte auf den Mittellinien des Quadrats.

Befindet sich der Stift im Innern der Verbindungsstrecke zwischen den beiden Kreismittelpunkten, so ist klar, dass der Stift eine Ellipse und als Spezialfall einen Kreis zeichnet. Denn die Endpunkte der Strecke bewegen sich ja auf den zueinander senkrechten Mittellinien. Diesem Instrument liegt also die Papierstreifenkonstruktion 1. Art zugrunde. Allerdings wird sie hier durch eine raffinierte *technische* Idee realisiert. An der *Gleitkreiskonstruktion* (Abb. 1.44) liest man ab, wie man bei dem Instrument die Halbachsen einstellen kann. (Der Ellipsograph von Abb. 1.43 ist auf a = 30 mm und b = 20 mm eingestellt.)

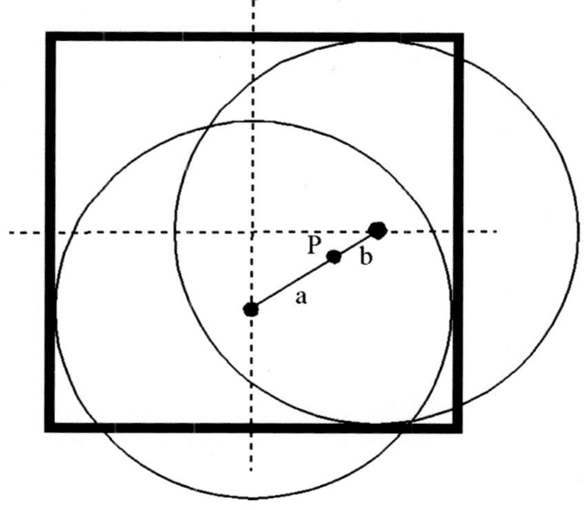

Abb. 1.44 Gleitkreiskonstruktion

Es gibt ein ähnliches Instrument der Fa. Haff, Pfronten, aus Plexiglas, das bei gleichem technischen Prinzip allerdings mit Kreisen unterschiedlicher Radien arbeitet.

Auch die Vorrichtungen zum Anlegen des Instruments an eine Gerade, die Führung der Kreise und die Anbringung der Griffe sowie des Schreibstifts sind das Ergebnis *technischer* Ideen.

1.3.4 Ein zweischenkliger Ellipsenzirkel

Der Zirkel in Abb. 1.45 erinnert an einen Kreiszirkel. Er hat ebenfalls zwei Schenkel, die jedoch leicht beweglich sind und durch eine Feder so weit auseinander gedrückt werden, wie es die Schlinge zulässt. Die Schlinge läuft über zwei Zapfen. Der eine Schenkel mit den drei Spitzen wird festgehalten. Der andere Schenkel mit dem Schreibstift wird gedreht. Dabei wird eine Ellipse gezeichnet.

Grundlage dieses Instruments ist die *Gärtnerkonstruktion.* Die beiden Zapfen markieren die Brennpunkte. Ihren Abstand kann man verändern, sodass sich Ellipsen mit unterschiedlicher *Exzentrizität* zeichnen lassen. Die Größe der Ellipse ist durch die Schlinge bestimmt. Die eigentliche Ellipse entsteht in Höhe der Schlinge bzw. der Scheibe. Gezeichnet wird dann eine zentrisch gestreckte Ellipse. Die einfache *mathematische* Idee ist also *technisch* und *handwerklich* recht kompliziert umgesetzt worden.

Als ich das Instrument im Internet sah, war es falsch montiert, außerdem fehlten die Schlinge und ein Zapfen. Im Übrigen war es auch lediglich als „merkwürdiger Zirkel" angezeigt. Nach einigem Überlegen und nach Anfertigung eines Ersatzes für den zweiten Zapfen durch einen Mechaniker konnte ich den Zirkel wieder benutzbar machen. Wegen der robusten Konstruktion und der Größe (33 cm Höhe) vermute ich, dass er für eine Nutzung im Handwerk bestimmt war.

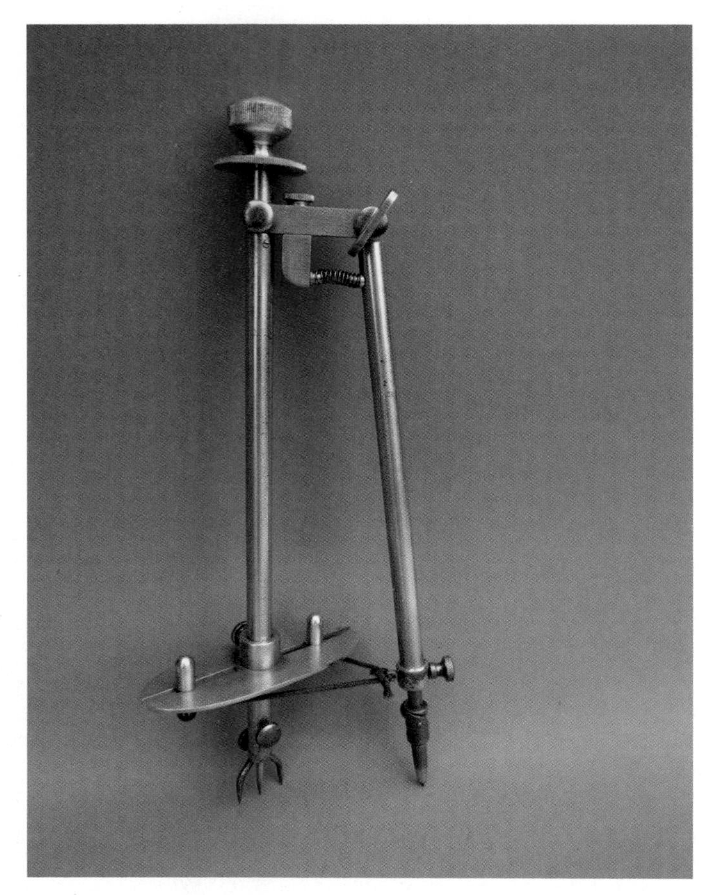

Abb. 1.45 Zweischenkliger Ellipsenzirkel: Gärtnerkonstruktion, 20. Jahrhundert

1.3.5 Der Ellipsenzirkel von Linnhoff

Von Erich Linnhoff (*1914) aus Berlin-Spandau stammt ein dreischenkliger Ellipsenzirkel. Er besteht aus einem äußeren Zirkel mit zwei Schenkeln und Spitzen, die fest eingestochen werden, sowie einem frei beweglichen dritten Schenkel mit Bleistiftspitze, der um einen Schenkel gedreht werden kann. Dabei wird eine Ellipse gezeichnet. Dem Erfinder wurde 1958 das Gebrauchsmuster für dieses Instrument zuerkannt.

Man kann sich vorstellen, wie er auf dieses Instrument gekommen ist. Er brauchte ja nur den festen Schenkel eines Fallnullenzirkels nicht wie üblich senkrecht, sondern schräg zu halten und konnte dann beim versuchten Zeichnen eines Kreises eine Ellipse beobachten (Abb. 1.46).

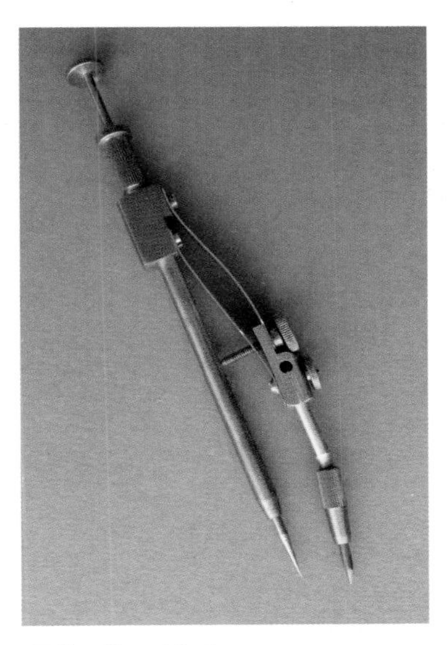

Abb. 1.46 Schräg angesetzter Fallnullenzirkel

Machte er nun aus der „Not" eine „Tugend", so hatte er einen Ellipsenzirkel. Er vertrieb dieses Instrument zunächst selbst (Abb. 1.47). Später nahm es die Fa. Haff in ihr Programm.

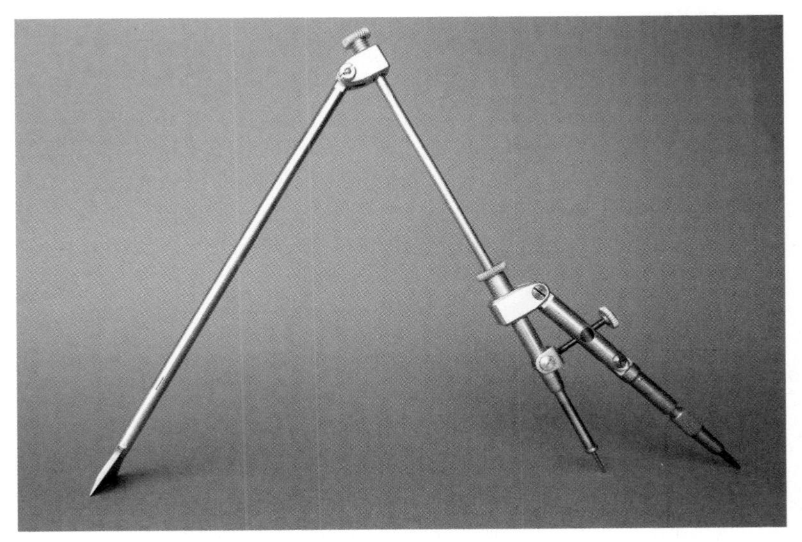

Abb. 1.47 Dreischenkliger Ellipsenzirkel von Erich Linnhoff, Berlin, aus den 1950er Jahren

Auch hier erschließt sich einem die zugrunde liegende *mathematische* Idee bei einigem Nachdenken. Die entscheidende Erkenntnis besteht darin, dass sich die Bleistiftspitze auf einem Kreiszylinder dreht, dessen Achse durch den festen Schenkel verläuft. Das Zeichenblatt kann man sich als Ebene vorstellen, die den Zylinder schräg schneidet. Bekanntlich ergibt sich dabei eine Ellipse. Das ist die *mathematische*

Idee, aus der sich durch Variation eines bekannten Zirkeltyps als *technischer* Idee dieses Instrument ergibt.

An einer Skizze kann man sich nun auch klarmachen, wie die Achsen von den Einstellungen des Zirkels abhängen (Abb. 1.48).

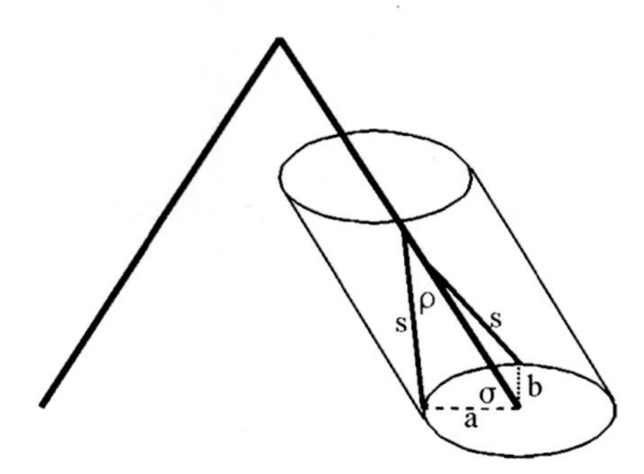

Abb. 1.48 Linnhoff-Konstruktion

Man liest aus den Teildreiecken ab:

$$a = s \cdot \frac{\sin \varrho}{\sin \sigma} \quad \text{und} \quad b = s \cdot \sin \varrho.$$

Da s an dem Zirkel konstant ist, hängen die Halbachsen von den beiden Winkeln σ und ϱ ab. Der Winkel ϱ, der am Zirkel durch eine Stellschraube am beweglichen Schenkel eingestellt werden kann, bestimmt die Halbachse b. Hat man die Halbachse b festgelegt, so bestimmt man wegen

$$a = \frac{b}{\sin \sigma}$$

die Halbachse a durch den Neigungswinkel σ des festen Schenkels gegen die Zeichenebene. Man macht sich klar, dass man den Schenkel sehr schräg stellen muss, um eine „ansehnliche" Ellipse zu erhalten. So ergibt sich z. B. für $\sigma = 30°$ die Beziehung $a = 2b$. Den Sonderfall des Kreises erhält man für $\sigma = 90°$, denn dann ist $a = b$.

1.3.6 Kritik der Ellipsenzirkel

Es war der Zweck dieser Instrumente, Ellipsen zu zeichnen. Das ist mit ihnen auch wirklich möglich. Beim Vergleich mit Kreiszirkeln schneiden allerdings alle diese Ellipsenzirkel schlechter ab. Jedes Instrument erfordert wesentlich mehr Geschick. Die Gefahr, dass sich die Kurve nicht schließt, ist groß, denn bei jedem der Zirkel besteht eine Tendenz zum Rutschen. Bei manchen Zirkeln muss man umgreifen oder man muss sie sogar umlegen. Die Einstellung der Achsen erfordert bei jedem Instrument ein Nachdenken oder einen Blick in die Gebrauchsanweisung. Ist es ein Wunder, dass Technische Zeichner lieber zu Ellipsenschablonen gegriffen haben?

Aber es bestehen nicht nur Schwierigkeiten durch die Handhabung. Auch die Mechanik hat ihre Probleme. Alle meine Instrumente „haken" irgendwo und „ruckeln" beim Zeichnen. Das mag an ihrem Alter liegen. Aber man begegnet hier auch einem prinzipiellen Problem der Mechanik: Beweglichkeit erfordert Spiel, dieses aber führt zu Ungenauigkeiten. Ein zweites Problem sind die auftretenden Hebelkräfte, die ein hohes Maß an Stabilität erfordern, was wiederum die Präzision beeinträchtigt.

Bei aller Begeisterung für die diesen Ellipsenzirkeln zugrunde liegenden Ideen muss man leider doch feststellen, dass ihre Handhabung vergleichsweise kompliziert ist und erhebliches Geschick erfordert. So kann man die Freude ihrer Erfinder verstehen, wird aber auch Verständnis für das Zögern der Praktiker haben, diese Instrumente wirklich zu nutzen.

1.3.7 Zirkel für andere Kurven

Kreise, Ellipsen, Hyperbeln und Parabeln sind *Kegelschnitte*. Für alle diese Kurven sind Fadenkonstruktionen bekannt, aus denen sich auch Instrumente entwickeln lassen [Schupp 2000, Weigand 2005]. Hyperbel- und Parabelzirkel sind aber sehr selten. Ich verweise daher für sie auf die Literatur [z. B. Hambly 1988]. In der Praxis und im Mathematikunterricht wurden diese Kurven meist punktweise oder mit Schablonen gezeichnet.

Bevor ich dieses Kapitel abschließe, will ich ein Instrument vorstellen, bei dem aus der Abbildung erschlossen werden soll, was für eine Kurve damit gezeichnet werden kann (Abb. 1.49).

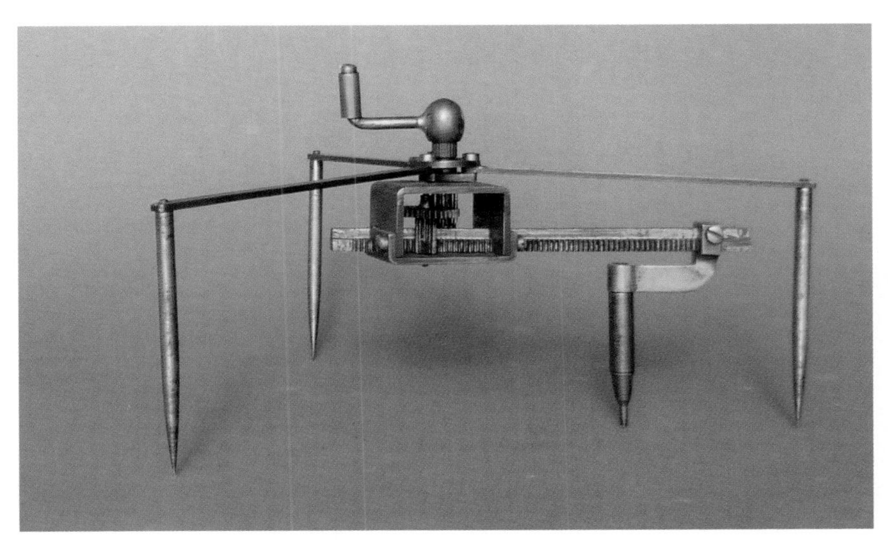

Abb. 1.49 Rätselhafter „Zirkel"

Ich habe das Instrument auf einem Antik-Markt entdeckt und natürlich sofort zugegriffen. Es handelt sich dabei wohl um einen Prototyp aus Messing. Nur so viel sei verraten: Die Kurve war schon Archimedes bekannt [Archimedes 2009[3]]. Versuchen Sie bitte auch, die dem Instrument zugrunde liegenden Ideen herauszufinden. (Die Auflösung des Rätsels finden Sie auf S. 146.)

1.4 Pantographen

1.4.1 Vergrößern und Verkleinern von Zeichnungen

Der *Pantograph* (gr.: Alleszeichner) oder *Storchschnabel* ist ein Instrument zum Vergrößern oder Verkleinern von Zeichnungen mit Hilfe von *zentrischen Streckungen.* Das ist die *mathematische* Idee, die dem Instrument zugrunde liegt.

Die Konstruktion besteht aus einem beweglichen Gestänge, in das ein Parallelogramm eingebaut ist (Abb. 1.50). Bei dem Instrument wird ein Punkt *O*, der Pol, festgehalten. Er bildet das Streckzentrum. Durch das Gestänge wird der Punkt *P* beim Fahrstift auf den Punkt *P'* beim Zeichenstift abgebildet. Fährt man mit dem Fahrstift eine Figur *F* ab, so zeichnet der Zeichenstift die zu ihr ähnliche Bildfigur *F'*. Die Schienen sind verstellbar, sodass sich verschiedene Streckfaktoren einstellen lassen. Das ist die *technische* Idee des Instruments.

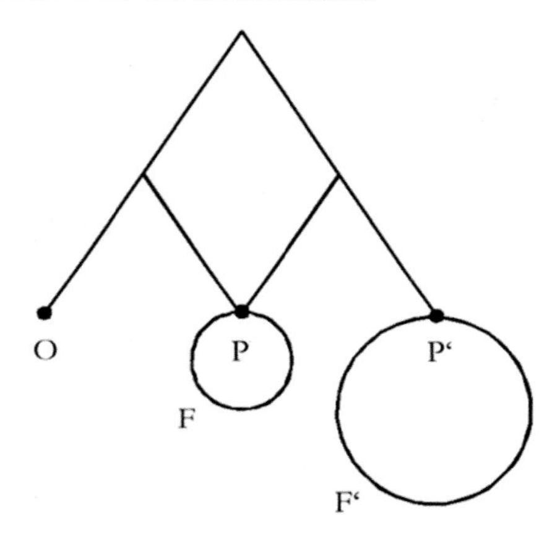

Abb. 1.50 Durch einen Pantographen erzeugte zentrische Streckung

1.4.2 Ein einfacher Pantograph

Noch heute werden Pantographen aus Holz oder Kunststoff als einfache Zeichengeräte gefertigt (Abb. 1.51).

Im Pol *O* ist das Instrument auf der Unterlage befestigt. In *P* ist der Fahrstift angebracht, den man über den Umriss der Figur zieht, die vergrößert werden soll. In *P'* ist der Zeichenstift angebracht, mit dem die vergrößerte Figur gezeichnet wird. Vertauscht man Fahr- und Zeichenstift, so ergibt sich bei dem abgebildeten Instrument eine Verkleinerung. Die Art der Befestigung des Instruments in *O* sowie die Gestaltung und Befestigung der Stifte in *P* bzw. *P'* sind die Ergebnisse *technischer* Ideen.

Das abgebildete einfache Instrument lässt nicht ahnen, dass es einmal technisch aufwendige Präzisionsgeräte gab, die von Technischen Zeichnern und Kartographen zum Vergrößern und Verkleinern von Plänen und Karten verwendet wurden.

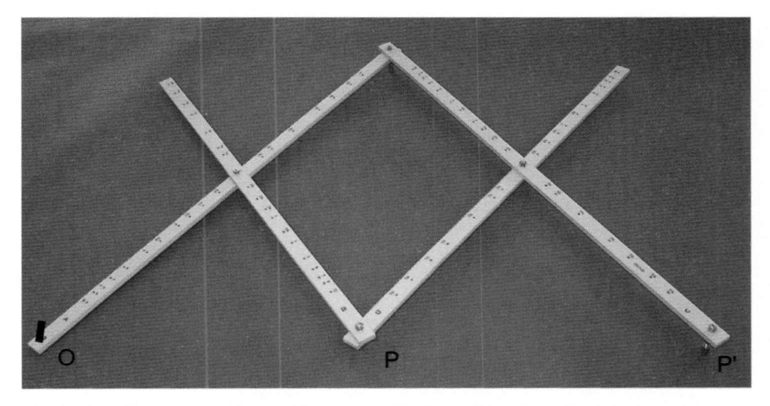

Abb. 1.51 Einfacher Pantograph aus Kunststoff, 2. Hälfte des 20. Jahrhunderts

1.4.3 Zur Geschichte der Pantographen

Als Erfinder des Pantographen gilt der Jesuit Christoph Scheiner (1575–1650) aus Ingolstadt, der darüber 1631 in seinem in Rom veröffentlichten *Pantographice* berichtete. Dort schildert er, wie er 1603 zu seiner Erfindung gelangte [Scheiner 1631, S. 3]. Sein Instrument bestand aus Holz und war nur auf einen einzigen Streckfaktor eingestellt (Abb. 1.52).

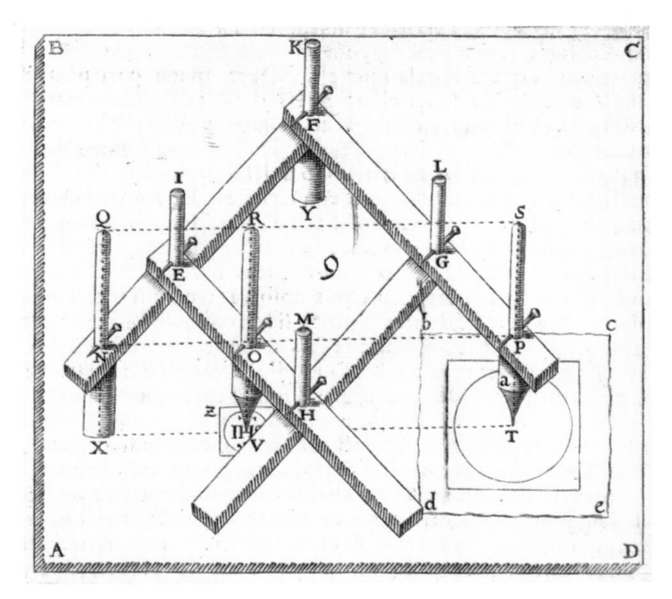

Abb. 1.52 Pantograph, aus: Christoph Scheiner, *Pantographice*, Rom 1631, S. 29

Ein früher Bericht über den Pantographen stammt von Daniel Schwenter (1585–1636), der Professor in Altdorf bei Nürnberg war. Sein Instrument bestand aus Messing (Abb. 1.53). Er berichtete erstmals 1618 darüber in seinem in Nürnberg erschienenen *Geometriae practicae novae, Tractatus I.*

Abb. 1.53 Daniel Schwenters Pantograph, aus seiner *Geometriae practicae novae et auctae libri IV*, Nürnberg 1667, S. 256.

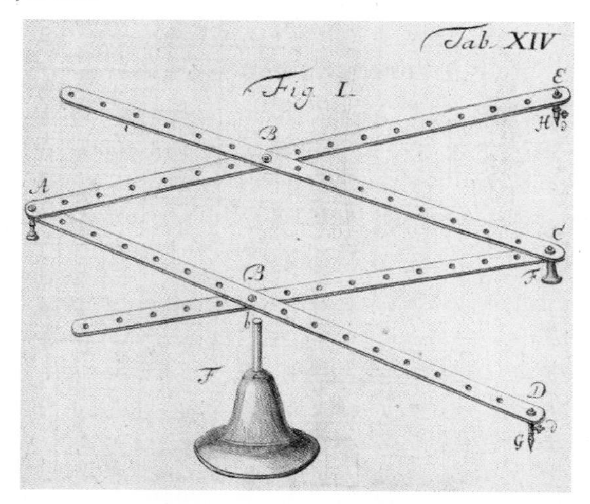

Abb. 1.54 Pantograph, aus: Jakob Leupold, *Theatri machinarvm svpplementvm*, Leipzig 1739, Tab. XIV

Der deutsche Instrumentenbauer Jakob Leupold (1674–1727) aus Leipzig beschreibt 1739 (postum publiziert) verschiedene Pantographen. Er bildet dort auch den Pantographen von Schwenter ab; Abb. 1.54 zeigt ein heute noch typisches Instrument. Allerdings sitzt hier das Zentrum *C* zwischen dem Fahrstift *D* und dem Zeichenstift *E*.

1.4.4 Ein englischer Pantograph nach Adams

Nach dem Muster des von George Adams beschriebenen und dargestellten Pantographen (Abb. 1.55) wurde das Instrument in Abb. 1.56 gefertigt. Die aufwendige Konstruktion aus Messing erlaubt durch Umstecken die Einstellung unterschiedlicher Verhältnisse. *Rollen* ermöglichen ein weitgehend ruckfreies Nachfahren der Zeichnung. Diese Vorrichtungen sind das Resultat *technischer* Ideen.

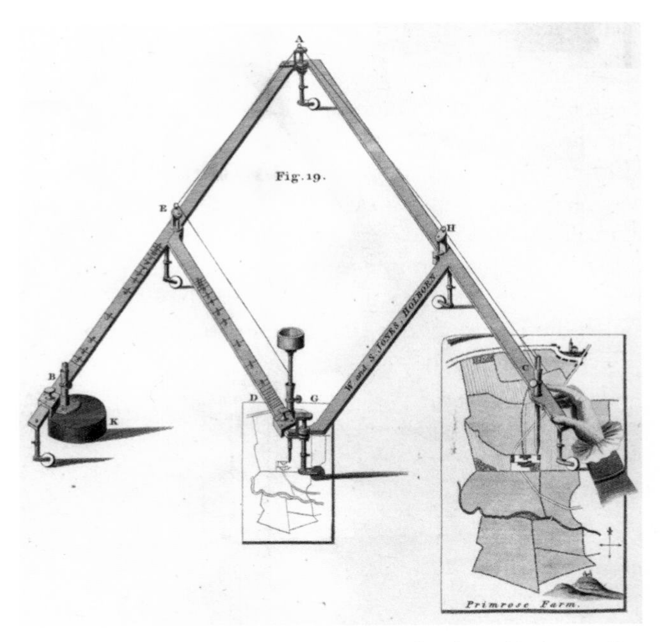

Abb. 1.55 Pantograph, aus: George Adams, *Geometrical and graphical essays*, London 1797[2], plate XXXI

In Abb. 1.55 fallen jedoch die starren Verbindungen auf, die ein Funktionieren des Instruments verhindern würden. Bei dem ähnlichen Instrument in Abb. 1.56 sind Gelenke vorhanden. Dass dort gegenüber der Zeichnung von Adams Pol und Fahrstift vertauscht sind, ist jedoch nicht störend.

Abb. 1.56 Pantograph von W. C. Cox aus Devonport, Mitte des 19. Jahrhunderts

1.4.5 Ein Präzisions-Pantograph von Ott

Für Vermessungsämter, Kultur-, Bau- und Maschinen-Ingenieure, Konstrukteure, Architekten, Grafiker, Werbefachleute und Technische Schulen waren Präzisions-Pantographen bestimmt. Sie waren groß und teuer.

Die Fa. A. Ott aus Kempten stellte in der 2. Hälfte des 20. Jahrhunderts ergänzend dazu einen „kleinen Pantographen" her, den sie als „das ideale Instrument zum genauen Umzeichnen, Verkleinern und Vergrößern von Zeichnungen, Plänen, Mustern, Schablonen, Bildmarken und ähnlichem" anpries (Abb.1.57).

Zum genauen Nachfahren der Kurve dient eine *Fahrlupe*. Die einzelnen Gelenke, schließlich auch die Lagerung des Instruments in einem Kasten sind verschiedenen *technischen* Ideen entsprungen.

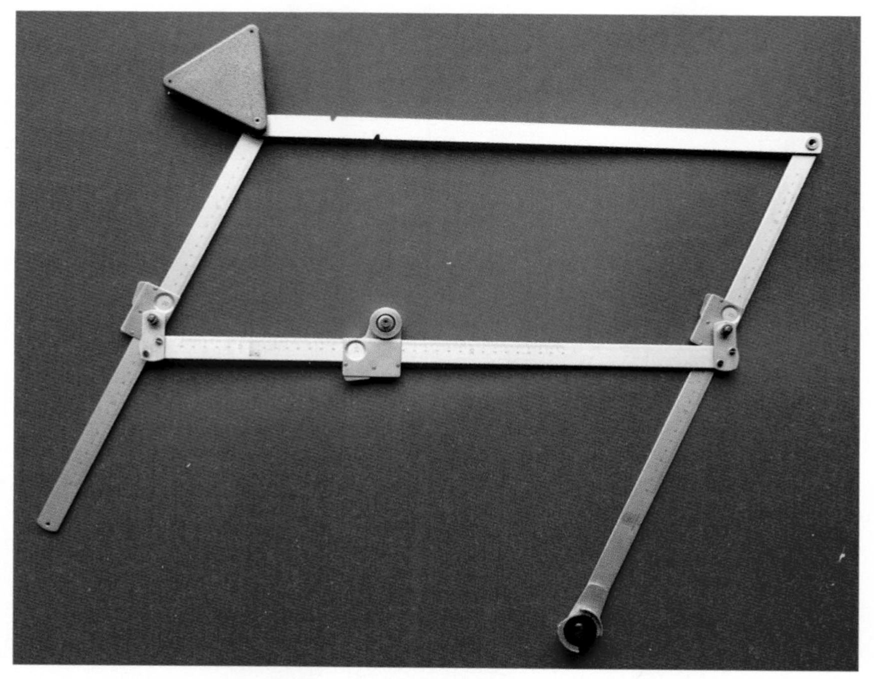

Abb. 1.57 Kleinpantograph 500 V der Fa. A. Ott, Kempten

Ein Vergleich der Abbildungen der verschiedenen Instrumente macht deutlich, dass Pol, Fahrstift und Zeichenstift an unterschiedlichen Stellen des Instruments angebracht werden können. Um Verzerrungen zu vermeiden, müssen Pol, Fahr- und Zeichenstift auf einer Geraden liegen. Will der Zeichner jedoch bewusst verzerren, so wählt er eine andere Anordnung. Vertauscht man dann Fahr- und Zeichenstift, so kann man die Zeichnung wieder entzerren. Diese Zusammenhänge waren bereits Scheiner bewusst [Scheiner 1631].

2 Instrumente zum Messen

Die Länge einer Strecke, der Flächeninhalt einer Figur, der Rauminhalt eines Körpers und die Größe eines Winkels sind *geometrische Größen*, die gemessen werden können. Grundlage des Messens ist ein additiver Vergleich gleichartiger Größen mit einer festgelegten *Maßeinheit*. Im einfachsten Fall geht es darum festzustellen, wie oft die Einheit in die gegebene Größe passt. So bedeutet z. B. die Angabe

$$a = 3 \text{ m},$$

dass man schreiben kann:

$$a = 1 \text{ m} + 1 \text{ m} + 1 \text{ m}.$$

Die *Maßzahl* der Länge a bezüglich der Einheit 1 m beträgt also 3.

Messgeräte sind Instrumente, mit denen man zu einer bestimmten Einheit die zugehörige Maßzahl bestimmen kann. Geometrische Messgeräte spielen seit jeher in den Anwendungsgebieten eine besondere Rolle [Brachner 1996, Dreier 1979], also beim *Technischen Zeichnen* [Feldhaus 1953, Hambly 1988], in der *Landvermessung* [Minow 1990[2], 1991, Schmidt 1935/1988, Wunderlich 1977], in der *Nautik* [Randier 1981[3]] und in der *Astronomie* [Zinner 1979[2]]. Auch geometrischen Messgeräten liegen *mathematische* und *technische* Ideen zugrunde. Diese werden wir im Folgenden an historischen Messgeräten der genannten Größen aufspüren. Wir beginnen mit der Längenmessung und beschränken uns dabei auf einige historisch interessante Aspekte.

2.1 Längenmesser

2.1.1 Längen als Größen

Mathematisch gesehen sind Längen *Größen*, die man vergleichen, addieren, vervielfachen, teilen und messen kann. Wie das geschieht, wurde bereits von Euklid in seinen *Elementen* (um 300 v. Chr.) systematisch untersucht [Euklid 1962[2]]. Wohl die interessanteste Entdeckung war, dass es Strecken ohne gemeinsames Maß gibt, deren Verhältnis nicht als Verhältnis natürlicher Zahlen dargestellt werden kann. Heute sind für Längen auch irrationale Maßzahlen zugelassen.

Längen treten in der Geometrie als Längen von Strecken, als Abstände von zwei Punkten sowie als Umfänge von Vielecken, Kreisen und anderen Figuren auf. Wie man diese Längen konkret misst, darüber macht Euklid keine Angaben. Aber auch zu seiner Zeit wurden im täglichen Leben Längen gemessen. Zum Messen verwendete man z. B. bereits etwa 1000 Jahre vor ihm in Ägypten *Stäbe* und *Schnüre* (Abb. 2.1).

Abb. 2.1 Feldvermesser im alten Ägypten – Ernteszenen im Grabmal des Menna (TT69) in Theben, Tempera auf Papier (Ausschnitt) von Charles K. Wilkinson (1897–1986), bpk/The Metropolitan Museum of Art

Beiden „Messinstrumenten“ kann man auch heute noch begegnen, und sie haben jeweils ihre eigenen Einsatzbereiche (Abb. 2.2).

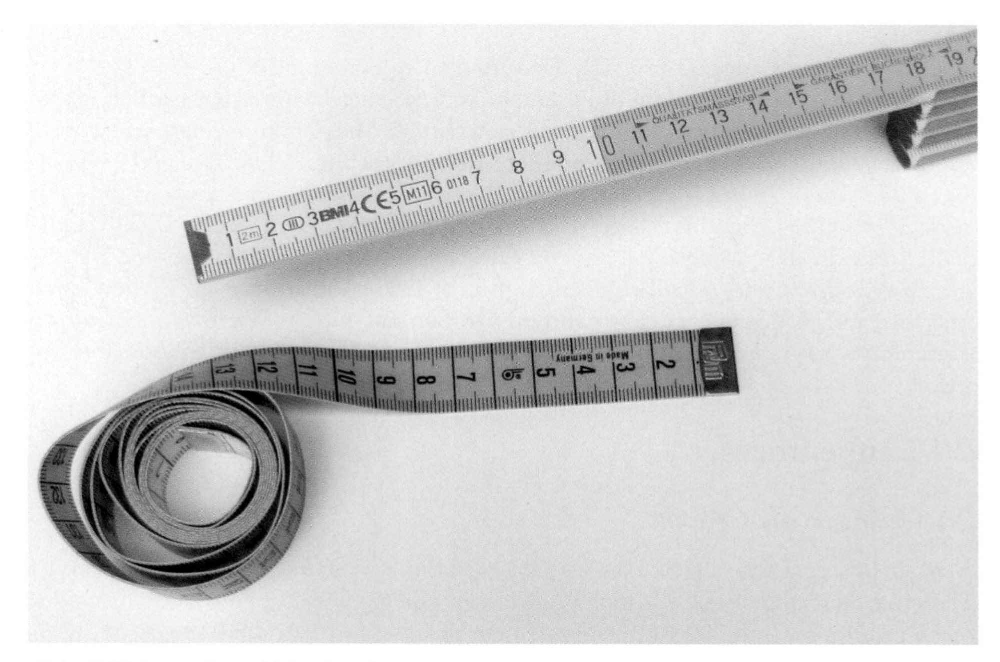

Abb. 2.2 Messstab und Messband

2.1.2 Die Elle als Messgerät

Wenn man von der Elle spricht, so meint man meist die Schneider-Elle, die heute noch von Tuchhändlern verwendet wird. Stoffe, Bänder und Spitzen, die mit Ellen gemessen wurden, hießen deshalb früher auch „Ellenwaren“. Die Elle gehörte zum berufstypischen Werkzeug der *Schneider*, das Wilhelm Busch den Schneider Böck in *Max und Moritz* als Waffe benutzen lässt (Abb. 2.3). Manche Schneider-Elle dürfte auf ähnliche Weise zu Bruch gegangen sein.

Abb. 2.3 Die Elle als „Waffe“, aus: Wilhelm Busch*, Max und Moritz eine Bubengeschichte in sieben Streichen,* München o.J.[73] Stuttgart (Braun und Schneider), S.18

Beim Studium der Schneider-Ellen und Tuch-Ellen werden wir zunächst die *technischen* Ideen betrachten. Diese Messinstrumente bestehen seit jeher aus Holz. Einfache Ellen (Abb. 2.4) wurden aus Massivholz gefertigt; wertvollere Ellen wurden mit Edelhölzern furniert, häufig waren sie auch noch mit Intarsien aus Holz oder Metall versehen.

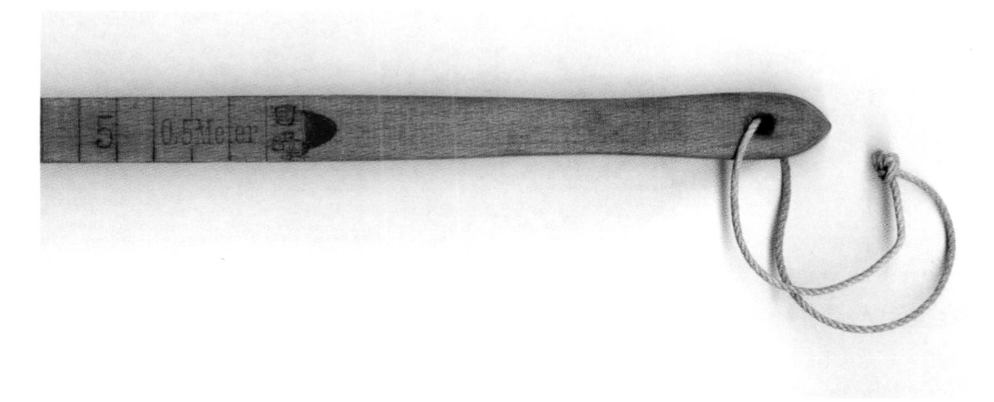

Abb. 2.4 Massivholz-Elle, 1. Hälfte des 20. Jahrhunderts

Eine Elle besteht aus einem Teil zum Greifen, der unterschiedlich gestaltet sein kann. Bei besonders prachtvollen Ellen ist er kunstvoll gedrechselt (Abb. 2.5).

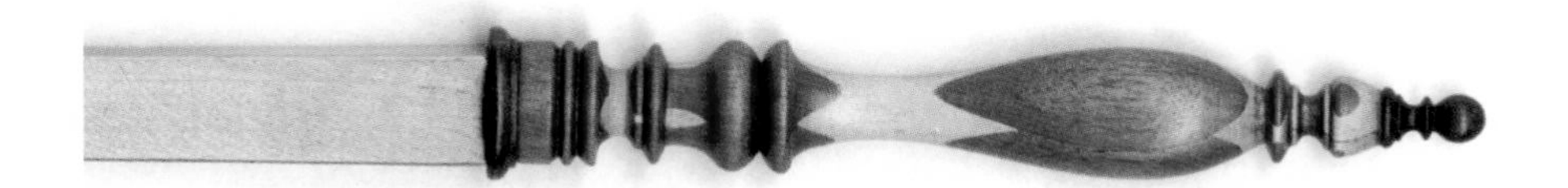

Abb. 2.5 Elle mit kunstvoll gedrechseltem Griff, 19. Jahrhundert

Durch das Verleimen verschiedenfarbiger Hölzer entstehen beim Drechseln interessante Muster (Abb. 2.6).

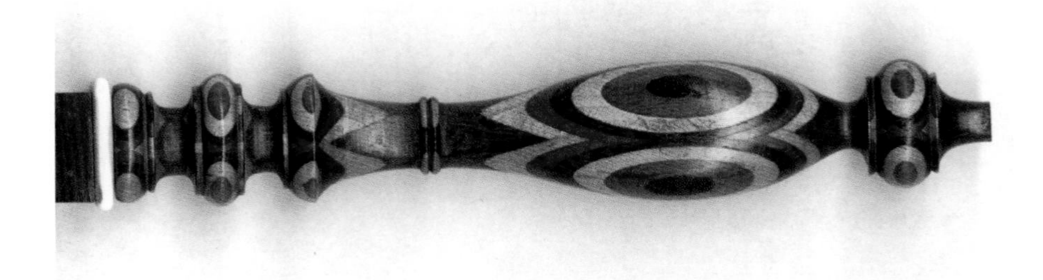

Abb. 2.6 Aus verschiedenen Hölzern gedrechselter Griff, 19. Jahrhundert

Zuweilen sind Griffe auch figürlich ausgebildet; in Abb. 2.7 z. B. als Fisch.

Abb. 2.7 Geschnitzter Griff in Form eines Fisches

Am Griff befindet sich meist eine Schlaufe zum Aufhängen der Elle. Nach dem Griffteil beginnt der Messstab, der unterschiedlich unterteilt ist, um auch kürzere Strecken messen zu können. Das können wir als Realisierung einer *mathematischen* Idee betrachten.

Wie die *Teilungen* ausgeführt werden, bietet nun wieder Spielraum für *technische* Ideen. In einfachen Fällen werden sie durch Rillen bewirkt, die in das Holz geritzt sind. Aufwendiger sind durch eingelegtes Metall oder Elfenbein gebildete Stege (Abb. 2.8).

Abb. 2.8 Durch Elfenbeinstäbe markierte Unterteilungen des Messstabs

Kunstvoll gestaltete Ellen sind meist durch unterschiedliche Furniere geteilt (Abb. 2.9).

Abb. 2.9 Durch unterschiedliches Furnierholz markierte Unterteilungen des Messstabs

Die Metermaßstäbe haben heute eine Zentimeterteilung. Alte Ellen sind in der Regel jedoch nicht dezimal geteilt. Praktisch immer markiert sind *Halbe* und *Viertel*, häufig auch noch *Achtel* und *Sechzehntel*. Allerdings finden sich die kleineren Teile häufig nicht durchgängig, sondern nur in Griffnähe.

Die folgende Elle besitzt dagegen durchgängig Teilungen in 24, 48, 96 und 192 Teile durch unterschiedlich farbiges Furnier (Abb. 2.10).

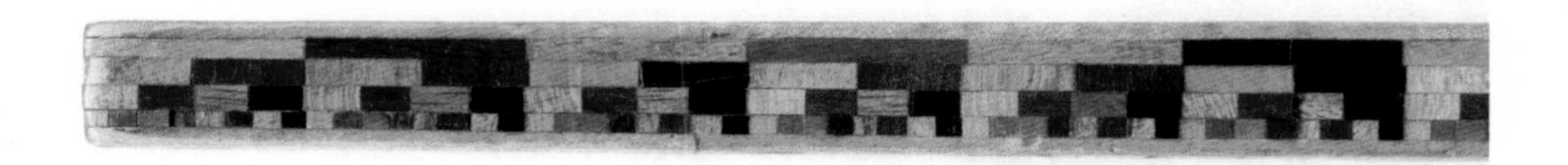

Abb. 2.10 Immer feinere Unterteilungen des Messstabs

Kunstvoll gestaltete Ellen tragen zuweilen auch *Inschriften* mit bestimmten Widmungen.

2.1.3 Die Elle als Maßeinheit

Ellen unterschieden sich früher zum Teil erheblich in ihrer Länge. So war z. B. die *Berliner Elle* 667 mm, die *Hamburger Elle* 573 mm und die *Münchner Elle* 833 mm lang [Klimpert 1896[2]]. Im Folgenden soll nun die Elle als Längenmaß etwas näher betrachtet werden.

Noch zu Beginn des 19. Jahrhunderts hatten viele Städte ihr eigenes Ellenmaß. Dieses orientierte sich an einem tradierten *Normmaß*, das die Stadt aufbewahrte und an dem sich die Hersteller von Ellen zu orientieren hatten. In manchen Städten findet sich eine solche Norm-Elle an einem öffentlichen Gebäude, etwa einer Kirche oder dem Rathaus, in Stein graviert oder aus Metall gebildet. Abb. 2.11 zeigt die Elle an einem Pfeiler der Dorfkirche von Frickenhausen in der Nähe von Würzburg.

Abb. 2.11 Elle an der Dorfkirche von Frickenhausen

Darüber hinaus bemühte man sich darum, eine Beziehung zwischen dem eigenen Ellenmaß und einem überregional bekannten Ellenmaß herzustellen. Gelegentlich finden sich auf Maßstäben verschiedene Ellen. Auf einem Antikmarkt in der Nähe von Würzburg wurde z. B. eine Schneider-Elle angeboten, bei der auf der einen Seite eine Elle von 659 mm und auf der gegenüberliegenden Seite eine Elle von 578 mm markiert war. Die Herkunft war unbekannt. Es könnte sich um eine Elle aus Sulzthal (578 mm) handeln, wo auch die Nürnberger Elle (659 mm) galt [Hendges 1989]. Dabei gehe ich davon aus, dass die Schneider-Elle aus dem kleineren Ort stammt.

In Würzburg galten z. B. nebeneinander die *Würzburger Elle* und die *Nürnberger Elle.* Man hatte in Würzburg die „Faustregel" [Sinner 1790, S. 165]:

9 Würzburger Ellen geben 8 Nürnberger Ellen.

Derartige Angaben waren typisch für diese Zeit. Man konnte damit eine Längenangabe einer Stadt in die einer anderen leicht mit Hilfe des *Dreisatzes* oder mittels einer *Verhältnisgleichung* umrechnen. Diese Umrechnungen sind allerdings auch verantwortlich für die vielen Stellen bei den Maßzahlen, mit denen die Beziehungen zwischen den verschiedenen Einheiten häufig ausgedrückt werden. Das gilt z. B. für die Angabe: 1 Nürnberger Elle = 0, 98427 Berliner Ellen [Nelkenbrecher 1832[15], S. 359]. Es finden sich auch Messstäbe, bei denen neben dem örtlichen Ellenmaß auf der einen Seite, das metrische Maß mit 50 cm auf der gegenüberliegenden Seite markiert ist. Das weist auf eine Elle aus der 2. Hälfte des 19. Jahrhunderts hin, als das metrische System an Einfluss gewann.

Im Jahr 1791 wurde das *Meter* als der 10millionste Teil des Erdquadranten zwischen Nordpol und Äquator festgesetzt und 1799 zum gesetzlichen Längenmaß in Frankreich. Es dauerte dann fast 100 Jahre, bis es auch in Deutschland verbindlich wurde: Mit der Reichsgründung wurde 1872 im Deutschen Reich das Dezimalsystem eingeführt mit dem Meter als gesetzlicher Längeneinheit [Brachner 1996]. Von da an waren die alten Ellen nicht mehr zulässig.

2.1.4 Elle, Fuß und Rute

Solange die Elle das grundlegende Längenmaß war, leiteten sich aus ihr andere Längenmaße ab [Nelkenbrecher 1832[15]]. Vielfach galt für die kleinere Einheit *Fuß* oder *Schuh*:

1 Elle = 2 Fuß.

Die Beziehung zur nächst größeren Einheit, der *Rute,* war dagegen sehr uneinheitlich. 1 Rute betrug in Baden, Bayern und Württemberg 10 Fuß, in Würzburg 12 Fuß, in Holstein 14 Fuß und in Braunschweig 16 Fuß [Hendges 1989, Klimpert 1896[2]].

Der Fuß wurde meist *duodezimal* geteilt:

1 Fuß = 12 Zoll; 1 Zoll = 12 Linien; 1 Linie = 12 Skrupel.

Die Bezeichnung *Zoll* ist auch heute noch Vielen geläufig (bei Rohrquerschnitten, Reifengrößen und Radgrößen); dagegen sind „Linie“ und „Skrupel“ als Längenbezeichnungen weitgehend unbekannt.

In Preußen gab es nebeneinander einen duodezimal geteilten *Baufuß* (313 mm) und einen dezimal geteilten *Feldfuß* (376 mm). Der Feldfuß war das Maß der „Feldmesser“, also der Landvermesser. Zwischen den beiden Fußmaßen bestand die Beziehung [Klimpert 1896[2]]:

12 Baufuß = 10 Feldfuß.

Listen der unterschiedlichen Ellen- und Fußmaße aus dem 18. und 19. Jahrhundert drücken diese Längen häufig in *französischen Linien* aus [z. B. Nelkenbrecher 1832[15]]. Diese leiteten sich aus dem *französischen Fuß* (*Pied du Roi*) mit 324,839 mm ab und hatten eine Länge von 2,26 mm. Zunehmend setzten sich aber auch Angaben in Metern durch.

2.1.5 Messräder

Entfernungen im Gelände können durch „Schrittzahlen" oder „Gehzeiten" abgeschätzt werden. So macht man das ja auch heute noch z. B. bei einer Wanderung. Für genauere Angaben werden schon seit dem Altertum *Messräder* verwendet. Einfache Messräder gaben nach einer Umdrehung mit Hilfe eines Stiftes ein Signal ab. Da beim Abrollen eines Rades sein Umfang zurückgelegt wird, ergibt sich die insgesamt zurückgelegte Wegstrecke durch die Multiplikation des Umfangs mit der Anzahl der Umdrehungen. Das ist die grundlegende *mathematische* Idee dieser Instrumente. Das Messrad in Abb. 2.12 hat einen Umfang von 1 Meter.

Abb. 2.12 Schüler mit einem Lehr-Messrad

Die entscheidende *technische* Idee bestand in dem *Zählwerk,* das im einfachsten Fall jeweils akustisch durch Klicken eine Umdrehung meldete.

Bereits im Altertum gab es freilich raffiniertere Zählwerke. So berichtet Vitruv in seinem Werk *De architectura* (um 40 v. Chr.) über einen Reisewagen mit einem Zählwerk an einem Rad mit einem Umfang von 12 ½ Fuß [Vitruv 1996[5], S. 495, 497]. Das Zählwerk wurde durch einen Stift über ein Zahnrad angetrieben, und ein Getriebe sorgte dafür, dass nach jeweils 400 Umdrehungen eine Kugel in ein Zählgefäß fiel. Dann war eine Meile zurückgelegt. Zählte man die Kugeln, so erhielt man die Anzahl der zurückgelegten Meilen.

In der Neuzeit begann die Blüte der Messräder (*Hodometer* = gr. Wegmesser) im 16. Jahrhundert mit dem Bestreben der Fürsten, brauchbare Landkarten für ihre Länder zu erhalten [Schmidt 1935/1988, S. 181]. Ihre Zählwerke zeigten inzwischen mit Hilfe von Zahnradgetrieben direkt die zurückgelegten Wege in Dezimaldarstellung an. Wir werden später bei den Rechenmaschinen noch näher auf die Zählwerke eingehen.

In diesem Zusammenhang ist auch das *Kurvimeter* zu nennen, ein kleines Messrad zum Nachfahren von Kurven auf Zeichnungen, Plänen und Karten, um deren Länge zu bestimmen. Noch heute werden derartige Instrumente angeboten, mit denen man für unterschiedliche Maßstäbe die Weglänge auf einer Landkarte bestimmen kann (Abb. 2.13). In ihnen wird die Umdrehung des Messrades durch ein Zahnradgetriebe in eine Zeigerumdrehung umgewandelt. Das ist die im Inneren verborgene *technische* Idee dieser Instrumente.

Abb. 2.13 Kurvimeter

Zum Ablesen der Weglänge sind mehrere kreisförmige Skalen angebracht, auf denen für jeden Zeigerausschlag zu den gebräuchlichen Kartenmaßstäben die tatsächliche Weglänge abgelesen werden kann. (Die Bogenlänge der überstrichenen Kreisbögen hängt natürlich vom Radius des jeweiligen Kreises ab.) Doch nun vom Groben zum Feinen!

2.1.6 Transversalmaßstäbe

Die üblichen Lineale mit der Millimeter-Einteilung der Skala erlauben eine maximal dreistellige Anzeige. Eine weitere Stelle kann ein Transversalmaßstab liefern (Abb. 2.14).

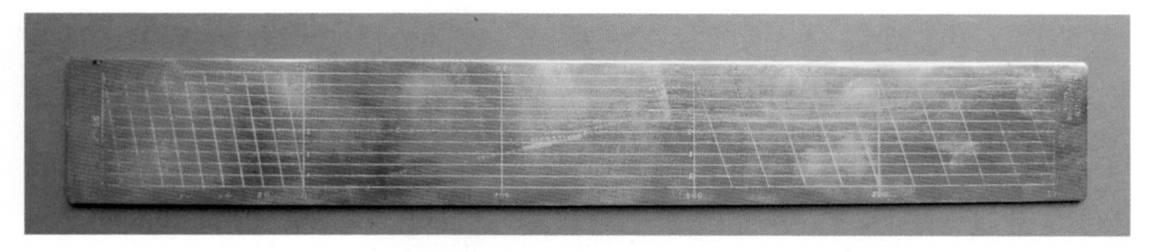

Abb. 2.14 Transversalmaßstab von H. Morin, Paris, in Messing für die Maßstäbe 1:1000 und 1:2000

Derartige Skalen waren bis zur Mitte des 20. Jahrhunderts bei Kartographen gebräuchlich. Die Linien waren auf Metall-Linealen (Messing oder Neusilber) eingraviert oder auf Landkarten aufgedruckt. Die zu messende Länge wurde auf der Karte mit einem Stechzirkel abgegriffen und dann am Transversalmaßstab abgetragen.

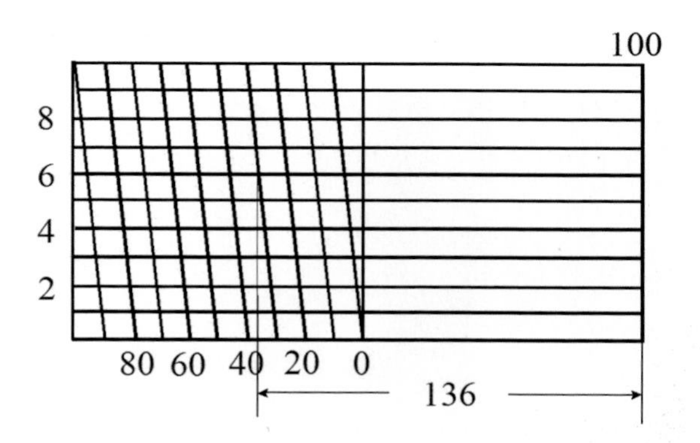

Abb. 2.15 Ablesung einer Länge am Transversalmaßstab

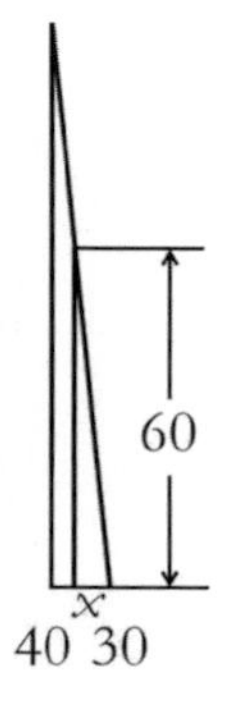

Abb. 2.16 Bestimmung der Länge x

Meist hatten die Instrumente Skalen für die verschiedenen Maßstäbe der Karten, sodass man sofort die wahre Länge ablesen konnte. In dem Maßstab von Abb. 2.15 wird z. B. 136 abgelesen.

Dass die fragliche Länge zwischen 130 und 140 liegt, erkennt man unmittelbar an der Zeichnung. Für die zusätzliche Länge x liest man aus Abb. 2.16 mit Hilfe des Strahlensatzes ab:

$$x : 60 = 10 : 100.$$

Das ergibt:

$$x = 6.$$

Und diese Überlegung macht auch die dem Instrument zugrunde liegende *mathematische* Idee deutlich. Allerdings erschließt sich dem uninformierten Betrachter unmittelbar weder der Verwendungszweck noch die Begründung des Transversalmaßstabs. So handelt es sich im Grunde um ein „geheimnisvolles“ Instrument.

Historisch ist die Transversalenteilung erstmals von Levi ben Gerson im 14. Jahrhundert angewendet worden [Schmidt 1935/1988, S. 279]. Es gab auch Transversalmaßstäbe, die auf Fuß, Linie und Skrupel angelegt waren.

2.1.7 Eine Schieblehre mit Nonius

Will man den Durchmesser eines Kreiszylinders messen, so bedient man sich einer *Schieblehre,* wie sie z. B. im Metallhandwerk verwendet wird (Abb. 2.17). Die offizielle Bezeichnung dieses Instruments ist „Messschieber.“ Schon im Altertum war dieses Instrument bekannt.

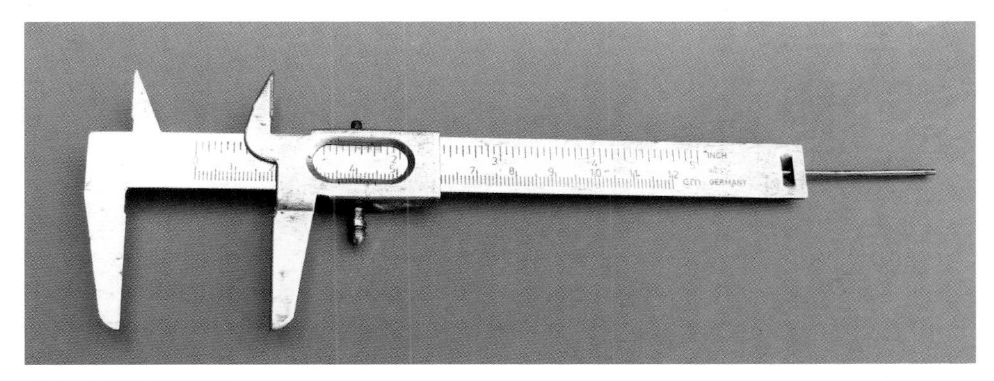

Abb. 2.17 Schieblehre

Ein ähnlich gebautes großes Instrument aus Holz ist die *Kluppe*, mit der man in der Forstwirtschaft die Dicke von Baumstämmen misst.

Die Schieblehre lässt sich leicht beschreiben: Auf einer mittleren *Messstange* mit einer Millimeter-Einteilung sind *Messschenkel* angebracht. Die unteren Messschenkel sind für Außenmaße z. B. von Stäben, die oberen Messschenkel sind für Innenmaße z. B. von Röhren gedacht. In dem beweglichen Schenkel ist eine Öffnung zum Ablesen der gemessen Längen angebracht. Die *Messschneiden* verlaufen senkrecht zur Messstange und sind daher parallel zueinander. Wird eine Stange mit kreisförmigem Querschnitt gemessen, dann sind die Schneiden Tangenten. Im Prinzip ist also klar, wie die Schieblehre funktioniert und auf welchen Ideen sie beruht. Die Beschreibung macht deutlich, wie eng hier *mathematische* und *technische* Ideen zusammenwirken. Schaut man näher hin, dann erkennt man zwei merkwürdige Vorrichtungen.

Zunächst fällt die dünne Stange auf, die am Ende herausschaut. Soll man an ihr ziehen, um den Messschenkel zum Messen zu bewegen? Bei dieser Vermutung wird man vom Fachmann ausgelacht: Die Stange ist für Tiefenmessungen da! Ist das nicht eine geniale *technische* Idee? Darauf muss man erst mal kommen!

Dann wird es aber ganz schwierig: Im Anzeigefenster sieht man zwei Skalen übereinander. Auch hier weiß der Kenner sofort Bescheid: eine *Noniusskala!* Selbst als mathematisch gebildeter Laie kann man dabei in Verlegenheit geraten. Schauen wir uns die Skalen mal näher an (Abb. 2.18).

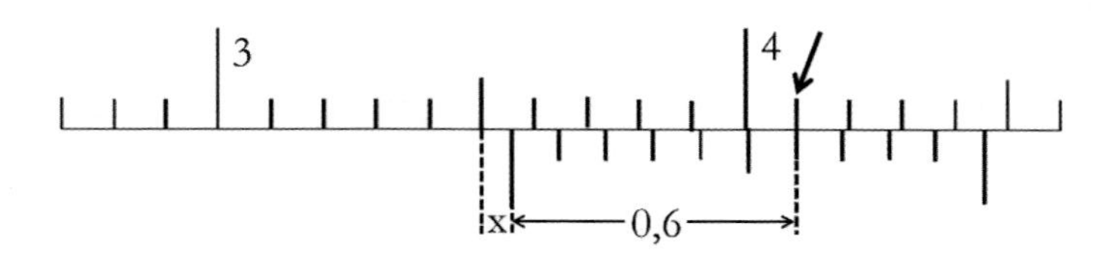

Abb. 2.18 Nonius auf der Schieblehre; Anzeige: 3,56 cm

Auf der Noniusskala sind 9 mm in 10 Teile geteilt. Bezieht man die untere Noniusskala auf die obere Millimeterskala, dann beginnt sie dort zwischen 3,5 und 3,6. Man sucht nun denjenigen Teilstrich auf dem Nonius, der mit einem Teilstrich der Millimeter-Skala zusammenfällt. Das ist hier der sechste Teilstrich von links. Nun liest man insgesamt ab: 3,56 cm.

Das kann man sich so klarmachen: Die Strecke von 3,5 cm bis 4,1 cm setzt sich aus der unbekannten Strecke x von 3,5 bis zum fraglichen Punkt und einer Strecke von 6 Noniusteilen zusammen. Also gilt:

$$x + 6 \cdot 0{,}09 = 0{,}6.$$

Das ergibt $x = 0{,}06$.

Als Erfinder (1631) der Noniusskala gilt der französische Mathematiker Pierre Vernier (1580–1637); im Englischen spricht man daher auch von der *vernier scale*. Die Bezeichnung *Nonius* geht auf den portugiesischen Astronomen, Mathematiker und Geographen Pedro Nunes (*lat.*: Petrus Nonius; 1502–1578) zurück, der diese Skala jedoch nicht erfunden hat..

2.2 Inhaltsmesser

2.2.1 Flächeninhalte als Größen

Wenn der Tuchhändler mit der Elle die Länge der Stoffbahn abgemessen hat, dann hat er damit natürlich zugleich einen Flächeninhalt abgemessen (Abb. 2.19). Dieser ergab sich als Produkt aus der Länge der Stoffbahn und ihrer Breite. Lag ein anderer Stoff in anderer Breite, dann musste natürlich umgerechnet werden.

Mathematische Grundlage dieses Verfahrens war die Berechnung des Flächeninhalts eines Rechtecks als Produkt aus Länge und Breite. Hierbei handelt es sich um ein grundlegendes Verfahren in der Geometrie: Man versucht, die Messung von Flächeninhalten auf Längenmessungen zurückzuführen. Das funktioniert im Prinzip für alle geradlinig begrenzten ebenen Vielecke, denn man kann diese ja in Dreiecke zerlegen („Triangulation“), deren Flächeninhalt man dann jeweils aus den

Längen von Grundlinie g und zugehöriger Höhe h nach der Formel berechnen kann:

$$A_{\text{Dreieck}} = \frac{1}{2} g \cdot h.$$

Auch der Flächeninhalt eines Kreises mit dem Radius r lässt sich nach einer Längenmessung von r mit Hilfe der Kreiszahl π nach einer Formel bestimmen:

$$A_{\text{Kreis}} = \pi r^2.$$

Damit lassen sich die meisten praktischen Probleme der Flächeninhaltsmessung mit Instrumenten zur Längenmessung lösen.

Abb. 2.19 Abmessen eines Stoffes, Ausschnitt aus einer Chromolithographie, Ende des 19. Jahrhunderts

Auch Flächeninhalte stellen Größen dar, die man vergleichen, addieren und vervielfachen kann. Die Formeln zeigen allerdings, dass sich *Flächeninhalte als Produkte von Längen* deuten lassen.

2.2.2 Flächeneinheiten

Einheit der Flächeninhalte ist der Flächeninhalt eines *Einheitsquadrats*, also eines Quadrats mit 1 m Seitenlänge. Man schreibt ihn als 1 m^2 .

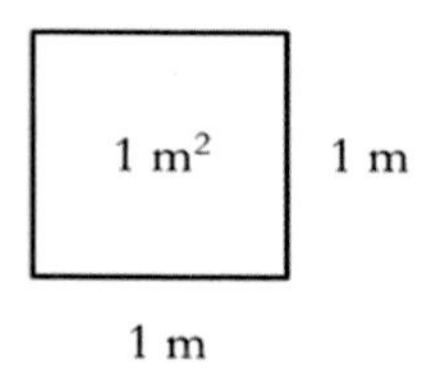

Abb. 2.20 Einheitsquadrat

Zu Zeiten von Elle, Fuß und Rute gab es natürlich auch die entsprechenden Einheiten des Flächeninhalts: *Quadratelle*, *Quadratfuß* und *Quadratrute*. Große Flächeninhalte gibt man heute in *Hektar* (ha) an. Früher war die Einheit *Morgen* gebräuchlich. Das war etwa die Größe eines Feldes, das ein Landmann mit einem Gespann am Morgen bis zum Mittag bearbeiten konnte.

Im Altertum wurden allerdings die Flächenmaße meist auch mit den Längenmaßen angegeben. In Texten musste man bei derartigen Angaben dann jeweils auf den Kontext achten, ob ein Längen- oder ein Flächenmaß gemeint war.

2.2.3 Oberflächen

Flächeninhalte treten in der Geometrie und in der Umwelt häufig als *Oberflächen* von Körpern auf. In vielen Fällen lassen sich die Inhalte der Oberflächen aus den Flächeninhalten von Teilflächen bestimmen. Die Oberfläche einer Pyramide mit quadratischer Grundfläche z. B. lässt sich aus 4 gleichschenkligen Dreiecken als *Seitenflächen* und einem Quadrat als *Grundfläche* berechnen (Abb. 2.21, links). Auch hier kommt man also mit Längenmessungen aus. Eine Hilfe bei der Berechnung der Oberfläche ist häufig eine *Abwicklung* des Körpers (Abb. 2.21, rechts).

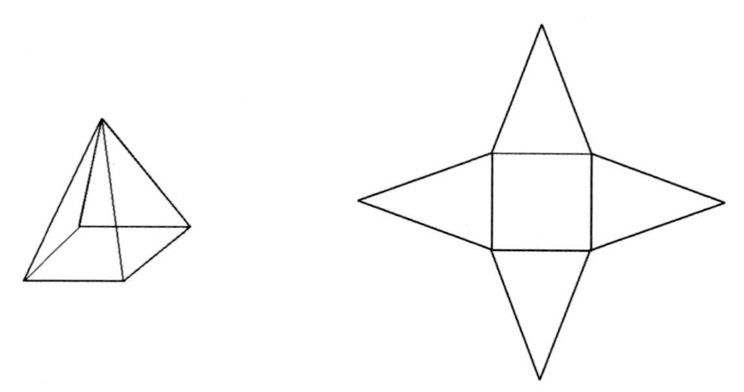

Abb. 2.21 Vierseitige Pyramide und ihre Abwicklung

Schwieriger wird es natürlich bei gekrümmten Oberflächen. Zwar ist in den Sonderfällen des Zylinders und des Kegels eine verzerrungsfreie Abwicklung in die

Ebene möglich, sodass sich unmittelbar brauchbare Formeln ergeben. Und obgleich bei der Kugel eine solche Abwicklung in die Ebene nicht möglich ist, bietet die Geometrie Formeln an, bei denen man den Oberflächeninhalt auf Längenmessungen zurückführen kann. Aber im Grunde helfen allgemein nur *Näherungsberechnungen*. Das gilt auch bereits bei krummlinig begrenzten ebenen Flächen.

2.2.4 Quadratgitter

Ist eine krummlinig begrenzte Fläche gegeben, so besteht ein einfaches grobes Näherungsverfahren darin, die Fläche auf dem Zeichenblatt oder einer Karte mit einem transparenten Quadratgitter zu überdecken und dann die Quadrate innerhalb der Fläche auszuzählen. Das Verfahren ist natürlich umso genauer, je kleiner die Quadrate sind. Wir testen es mal an einem Kreis (Abb. 2.22).

Wenn wir auch Teilquadrate mitzählen, kommen wir insgesamt auf etwa 80 Einheitsquadrate. Der Radius des Kreises beträgt 5 Einheiten. Mit der Kreisformel ergibt das:

$$A = \pi \cdot 25 \approx 78{,}5.$$

Das bedeutet eine Abweichung von etwa 2%.

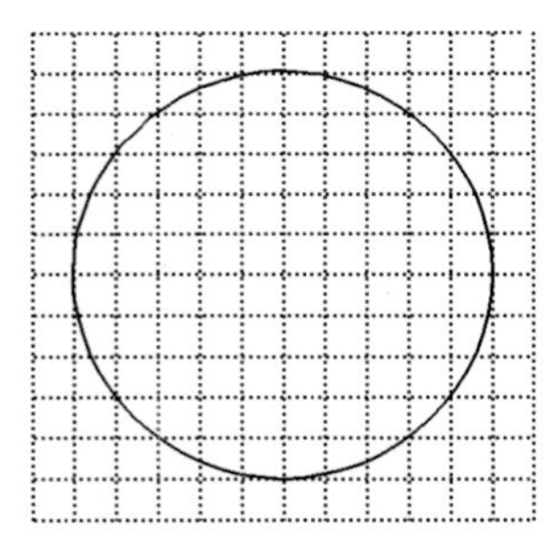

Abb. 2.22 Approximation des Kreisflächeninhalts durch Zählen der Einheitsquadrate

Instrumente zum Messen von Flächeninhalten werden *Planimeter* genannt. Auch ein Quadratgitter auf einer Scheibe könnte so bezeichnet werden. Die *mathematisch* grundlegende Idee ist hier das Approximieren mit Einheitsquadraten und deren Zählung. Das Quadratgitter auf der Glasscheibe anzubringen, wird man als *technische* Idee ansehen.

2.2.5 Harfenplanimeter

Eine mathematisch etwas andere Idee liegt dem *Harfenplanimeter* zugrunde (Abb. 2.23). In einem rechteckigen Metallrahmen sind in gleichem Abstand parallele Fäden gezogen. Man legt den Rahmen über die zu messende Fläche, sodass die Fäden die Fläche in schmale „Streifen" zerlegen. Man kann sich nun die Fläche durch Trapeze angenähert denken. Deren Mittellinien werden z. B. mit einem Stechzirkel abgemessen und addiert. Die Summe wird mit der Streifenbreite multipliziert. Das ergibt einen Näherungswert für den Flächeninhalt.

Abb. 2.23 Harfenplanimeter der Fa. Joseph Perfler, Wien; Ende des 19. Jahrhunderts

Auch das erproben wir an dem Kreis (Abb. 2.24). Die Summe der Längen der Mittellinien beträgt etwa 80 Einheiten. Die Streifenbreite beträgt 1 Einheit. Damit ergibt sich wie vorher ein Flächeninhalt des Kreises von etwa 80 Einheitsquadraten.

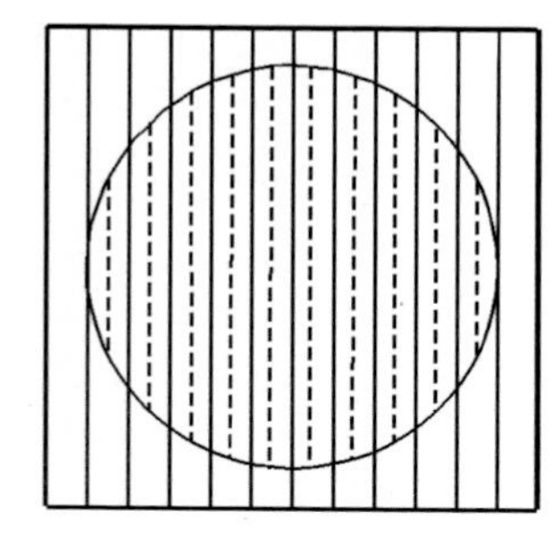

Abb. 2.24 Approximation des Kreisflächeninhalts mit einem Harfenplanimeter nach der Streifenmethode

2.2.6 Hyperbeltafeln

Von M. Kloth wurden zu Beginn des 20. Jahrhunderts Glastafeln entwickelt, mit denen man mit Hilfe von aufgetragenen Hyperbeln den Flächeninhalt eines Dreiecks auf einer Karte ablesen konnte.

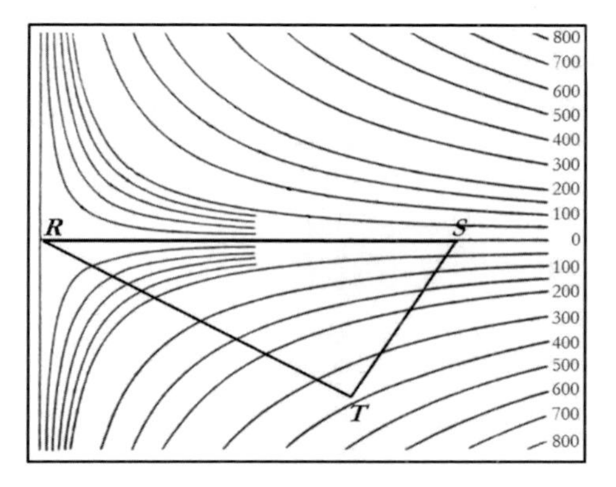

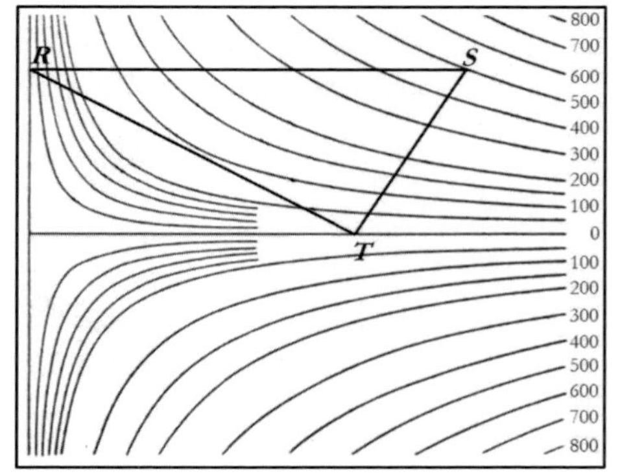

Abb. 2.25 Flächenberechnung eines Dreiecks mit der Hyperbeltafel (schematisch)

Die Hyperbeläste liegen dabei dicht nebeneinander in einem Achsenkreuz. Zunächst legt man die Scheibe so, dass die Ecke R des Dreiecks im Ursprung und die Ecke S auf der waagerechten Achse (Abb. 2.25, links) liegt. Dann verschiebt man die Scheibe so weit nach unten, bis der dritte Eckpunkt T auf der Achse liegt (Abb.2.25, rechts). Der Punkt S liegt nun auf einer Hyperbel (oder in ihrer Nähe). Die Hyperbeln sind so beschriftet, dass man bei den wichtigsten Kartenmaßstäben den entsprechenden Flächeninhalt des Dreiecks ablesen kann. Hier liest man als Maßzahl für den Flächeninhalt 500 ab. Da man jede geradlinig begrenzte ebene Fläche in Dreiecke zerlegen kann, lässt sich damit der gesuchte Flächeninhalt schrittweise berechnen.

Kloths Erfindung liegt die folgende *mathematische* Idee zugrunde. Gegeben sei ein Dreieck mit der Grundseite x und der Höhe y. Dann liefert die Formel

$$A = \frac{1}{2} xy$$

den Flächeninhalt A. Diese Gleichung kann man aber auch so umformen, dass man erhält:

$$y = \frac{2A}{x}.$$

Das Ergebnis lässt sich so interpretieren: Bei allen Dreiecken mit dem Flächeninhalt A, die wie in Abbildung 2.25, rechts, im Achsenkreuz liegen, liegt die Ecke mit den Koordinaten x und y – hier S – auf einer Hyperbel.

Derartige Tafeln wurden bis in die 2. Hälfte des 20. Jahrhunderts in Vermessungsämtern verwendet.

2.2.7 Polarplanimeter

Nur in Sonderfällen kann man aus dem Umfang einer Fläche ihren Flächeninhalt berechnen. Man denke etwa an das Quadrat oder an den Kreis. Mit Hilfe eines *Polarplanimeters* kann man allerdings durch Abfahren des Randes einer Fläche ihren Flächeninhalt sogar theoretisch exakt bestimmen (Abb. 2.26).

Diese Instrumente dienten vor allem in der Landvermessung zur raschen Bestimmung von Flächeninhalten auf Landkarten und Plänen. Und es gibt sie immer noch, freilich heute als digitale Messinstrumente.

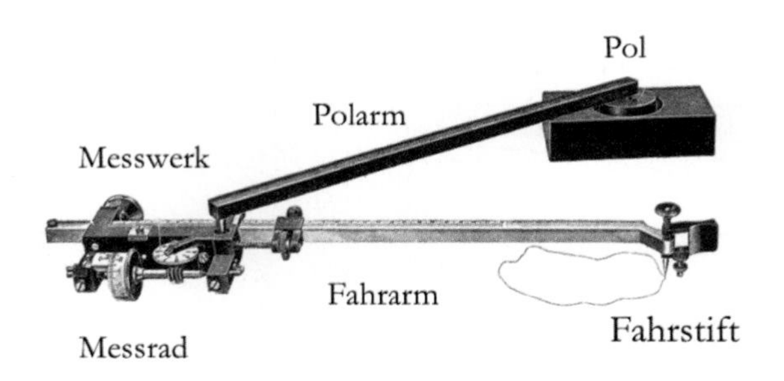

Abb. 2.26 Polarplanimeter

Der Inhalt einer Fläche, die durch eine geschlossene Kurve begrenzt ist, wird gemessen, indem man die Randlinie der Figur einmal mit dem *Fahrstift* im Uhrzeigersinn umfährt. Der *Pol* bleibt dabei fest. Das *Messrad* führt teils rollende, teils gleitende Bewegungen aus. Dabei ergibt sich insgesamt ein Ablesewert für die Drehung, der proportional dem Flächeninhalt ist. Das Ergebnis der Flächenmessung wird im *Messwerk* abgelesen (Abb. 2.27).

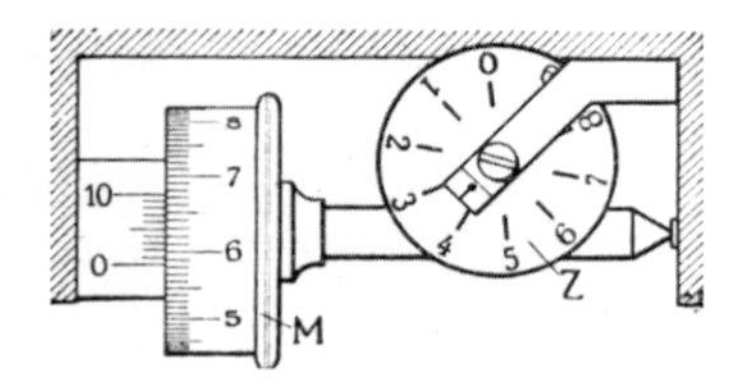

Abb. 2.27 Messwerk; aus einer Gebrauchsanleitung der Fa. A. Ott, Kempten

Nehmen wir an, die Messung begann in Nullstellung. Jede Ablesung ergibt eine vierstellige Zahl. Abgelesen wird: an der Zählscheibe Z: 3; am Messrad M: 58; am Nonius N: 4, also insgesamt: 3584.

Die angezeigte Zahl ist proportional dem gemessenen Flächeninhalt und damit auch dem wirklichen Flächeninhalt. Den Proportionalitätsfaktor für den jeweiligen Maßstab liest man aus einer beigefügten Tabelle ab. Wenn er in dem Beispiel 2 m² beträgt, dann ergibt sich als wirklicher Flächeninhalt:

$$A = 3584 \cdot 2\ \text{m}^2 = 7168\ \text{m}^2.$$

Das Polarplanimeter wurde 1854 von Jakob Amsler (1823–1912) und ein Jahr später unabhängig von ihm von Albert Miller Ritter von Hauenfels (1818–1897) erfunden. Amsler stellte seine Erfindung auf der Weltausstellung in Paris vor. Sie setzte sich in der Folge durch.

Bedeutende Hersteller waren neben der Fa. Amsler in Schaffhausen die Firmen G. Coradi in Zürich, Gebr. Haff in Pfronten, A. Ott in Kempten und R. Reiss in Liebenwerda [Fischer 1995, 1998, 2002].

Das Instrument hat mit seinem Fahrstift einen verhältnismäßig großen Bewegungsspielraum. Gemessen werden die Drehungen – rückwärts und vorwärts. Wenn das Messrad schräg über das Papier gezogen wird, so kann auch in diesem Fall eine Drehung erfolgen. Lediglich wenn das Messrad in Richtung der Achse gezogen wird, tritt keine Drehung ein. Bei den Drehungen werden Wege zurückgelegt. So werden auch bei diesem Instrument Flächeninhalte über Wege gemessen. Doch diese Messung ist mathematisch wesentlich komplizierter zu begründen als die Wegmessung mit einem Kurvimeter [Willers 1951].

Wie sind die Erfinder auf dieses Instrument gekommen? Durch Überlegung oder durch Probieren? Man kann die Wirkungsweise mathematisch durch eine komplizierte, aufwendige Überlegung erklären. Stand sie am Anfang? Wir wissen es nicht. Die Erfinder verfügten über gründliche Kenntnisse der höheren Mathematik und sie konnten die Wirkung des Instruments begründen. Aber wie sind sie auf die grundlegende *mathematische* Idee gekommen? Der Gestaltpsychologe Max Wertheimer [1957] hat einmal versucht, herauszufinden, wie Albert Einstein auf seine Relativitätstheorie gekommen ist. Schade, dass er das nicht auch mal bei Amsler und seinem Polarplanimeter versucht hat. Immerhin glaubt der Historiker Joachim Fischer, den Erfindern der Planimeter auf die Spur gekommen zu sein. Er sieht das Polarplanimeter in einer Entwicklungslinie mit früheren Planimetern. Damit ist dann der Sprung zum Polarplanimeter nicht mehr ganz so groß [Fischer 1995].

Abb. 2.28 Kompensations-Polarplanimeter der Fa. A. Ott, Kempten, Foto: P. Ruff, Rechenzentrum der Julius-Maximilians-Universität Würzburg

Das Polarplanimeter hat im Laufe der Zeit etliche Veränderungen erfahren, die im Wesentlichen auf *technischen* Ideen beruhen. So gab es neben den ursprünglichen Nadelpolen auch Kugelpole. Der Fahrstift von Amslers Planimeter konnte nur bis zum Polarm bewegt werden, bei dem Planimeter von Ott dagegen konnte er unter dem Polarm hindurch bewegt werden (Abb. 2.28). Damit ließen sich Fehler kompensieren. Es erhielt daher die Bezeichnung Kompensations-Polarplanimeter. Erwähnt werden sollten auch die *technischen* Ideen bei der Lagerung des Messrades, die einen „runden" Lauf ermöglichten.

Um dem Messrad immer eine einheitliche Fläche optimaler Beschaffenheit zu bieten, wurde das *Scheiben-Polarplanimeter* entwickelt (Abb. 2.29), mit dem die Genauigkeit weiter gesteigert werden konnte.

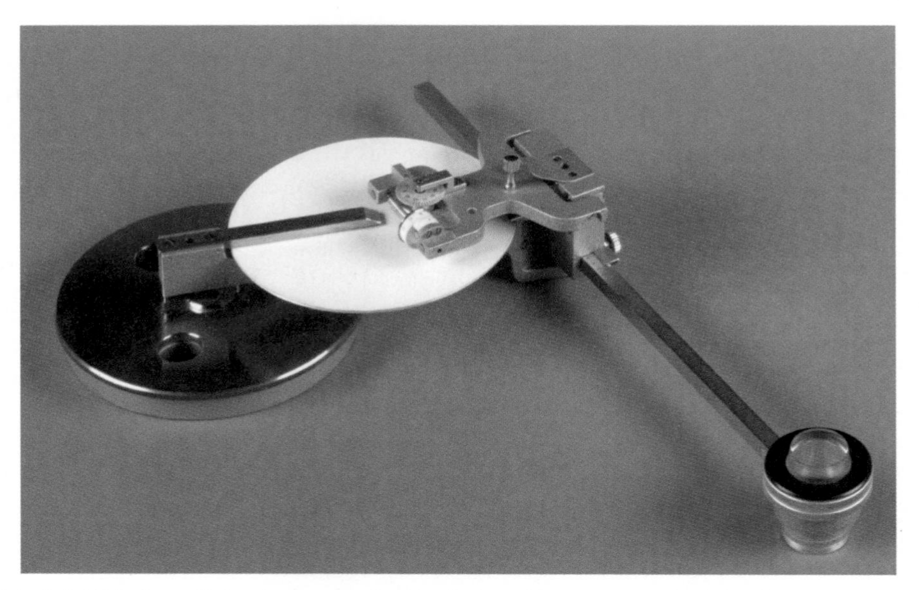

Abb. 2.29 Scheiben-Polarplanimeter der Fa. A. Ott, Kempten, Foto: P. Ruff, Rechenzentrum der Julius-Maximilians-Universität Würzburg

Die heutigen digitalen Planimeter sind im Prinzip nach den alten Vorbildern aufgebaut, doch ist das Messwerk inzwischen ein kleiner Computer, der die mit der Rolle ausgeführten Bewegungen als Messdaten auf einem Display elektronisch anzeigt (Abb. 2.30).

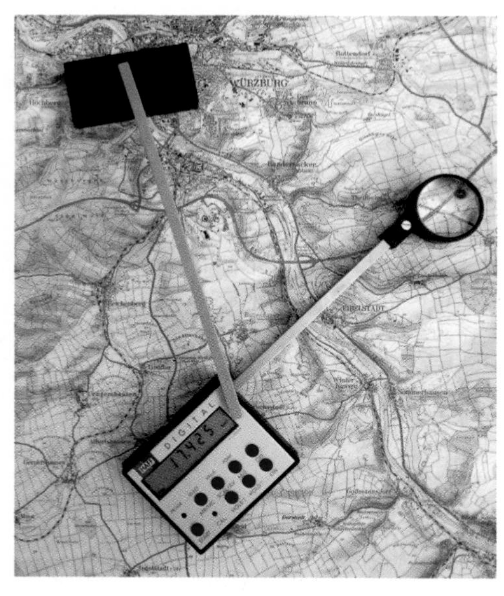

Abb. 2.30 Digitales Polarplanimeter der Fa. Haff, Pfronten, auf der topografischen Karte 1:50 000 der Bayerischen Vermessungsverwaltung von Würzburg und Umgebung aus dem Jahre 1977

2.2.8 Rauminhalte

In der Geometrie versucht man, auch die Bestimmung der *Rauminhalte* von Körpern auf Längen zurückzuführen. Das gelingt bei den Grundkörpern Würfel, Quader, Prisma, Zylinder, Pyramide, Kegel und Kugel. Diese Betrachtungen sind Gegenstand der *Raumgeometrie* (Stereometrie).

Im täglichen Leben werden z. B. flüssige Warenmengen meist nach dem Volumen verkauft. Mit *Messgefäßen* stehen seit dem Altertum einfache Messinstrumente für Rauminhalte zur Verfügung (Abb. 2.31).

Abb. 2.31 Englische Messbecher: 1 cup, ¾ cup, ½ cup, ¼ cup; 19. Jahrhundert

Für Flüssigkeiten galten die unterschiedlichsten Maßeinheiten, die dadurch regional sehr verschieden waren. Heute wird meist die Einheit Liter verwendet:

$$1 \text{ l} = 1 \text{ dm}^3.$$

Allgemein ist heute die Volumeneinheit 1 m^3, der Rauminhalt eines *Einheitswürfels* mit 1 m Kantenlänge (1000 l = 1 m^3).

In der Landwirtschaft wurden früher spezielle Gefäße zum Abmessen von Getreide verwendet (Abb. 2.32). Der Bügel oben diente zum Abstreichen des Getreides mit einem Scheitholz, um das Gefäß bis zum Rand, „gestrichen voll", zu füllen.

Abb. 2.32 Getreidemaß aus Franken, ½ Metze = 18,4 l; 19. Jahrhundert

Bei zylindrischen Messgefäßen mit dem Durchmesser *d* und der Höhe *h* gilt für das Volumen V:

$$V = \frac{\pi}{4} d^2 \cdot h.$$

Man sieht hier, wie sich die Volumenmessung auf Längenmessungen zurückführen lässt. Diese *mathematische* Formel dient aber auch den Herstellern von zylindrischen Messgefäßen *technisch* bei der Planung. Die Angabe einer exakten Formel gelingt allerdings nur bei bestimmten Körperformen.

Ein historisch interessantes Problem war die Bestimmung des Rauminhalts von Fässern [Folkerts 1974]. Jahrhundertelang fand in Europa ein reger Handel mit Wein in Fässern statt. Zur Festsetzung des Preises und von Zöllen benötigte man eine möglichst genaue Angabe des jeweiligen Rauminhalts. Für die Messung waren *Visierer* verantwortlich, die mit Hilfe von Messstäben, sogenannten *Visierruten,* die Fässer auszumessen und die Rauminhalte zu berechnen hatten (Abb. 2.33).

Abb. 2.33 Visierkunst nach Erhart Helm, aus: Adam Ries, Rechenbuch auff Linien vnd Ziphren, Frankfurt 1574, S. 83, rechts

Lange Zeit war es üblich, die Visierrute schräg durch das Spundloch bis zum Rand des Bodens zu stecken und dann an einer Markierung abzulesen, wie viele Eimer Wein das volle Fass enthielt. Als Johannes Kepler (1571–1630) im Jahr 1613 das in Linz selbst beobachtete, erkannte er, dass dieses Verfahren nicht für alle Fässer gelten könne.

Er entwickelte in seiner *Fassrechnung* die nach ihm benannte *Fassregel* [Kepler 1987]. Für Fässer mit zwei gleich großen Böden braucht man nur deren Durchmesser d, dann durch das Spundloch den größten Durchmesser D sowie die Fasshöhe h mit einer Visierrute zu messen, und kann dann das Volumen V näherungsweise bestimmen mit der Formel:

$$V = \frac{\pi}{12} h(2D^2 + d^2).$$

Zum Abmessen von Flüssigkeiten mit zylindrischen Messgefäßen verwendet man die vollen Messgefäße unter Umständen in verschiedenen Größen, aber auch zylindrische Gefäße mit Markierungen am Rand für Teilmengen. Die Volumenformel zeigt, dass das Volumen proportional der Füllhöhe ist. Das erkennt man an der linearen Skala des Messbechers.

Zwar kann man auch bei einem Messbecher in Form eines Kegelstumpfes aus der Höhe das Volumen bestimmen. Man beachte aber, wie die Eichmarken nach oben hin immer enger zusammenlaufen (Abb. 2.34). Für kleine Mengen verbessert sich bei dieser Gefäßform die Ablesbarkeit.

Abb. 2.34 Messbecher in Form eines Kegelstumpfes

2.3 Winkelmesser

2.3.1 Winkelgrößen

Mit dem Begriff des Winkels kommen wir nun zu einem weiteren grundlegenden Begriff der ebenen Geometrie. Anschaulich kann man *Winkel* als Flächen betrachten, die von zwei Halbgeraden mit gemeinsamem Anfangspunkt begrenzt werden. Ein Grenzfall ist der *Nullwinkel*, bei dem die beiden Halbgeraden zusammenfallen.

Zum klassischen *Gradmaß* gelangt man, indem man den vollen Kreisbogen in 360 gleich lange Teile teilt und dann den Winkel betrachtet, der durch den zugehörigen Kreisausschnitt gebildet wird. Auf diese Weise erhält man *Winkelgrößen* von 0° bis 360°. Winkelgrößen kann man vergleichen. Um sie auch beliebig vervielfachen und addieren zu können, werden auch größere Winkelmaße zugelassen.

Bemerkenswert sind noch die kleineren Einheiten *Minute* (1‘) und *Sekunde* (1“), die nicht dem Dezimalsystem folgen, sondern dem Sexagesimalsystem:

$$1' = \frac{1}{60}°;\ 1'' = \frac{1}{60}'.$$

In bestimmten Bereichen der Praxis gibt es auch andere Winkelmaße. Innerhalb der Mathematik ist das *Bogenmaß* von großer Bedeutung. Hier wird der Winkel über die Bogenlänge im Einheitskreis bestimmt. Wir werden uns im Folgenden auf das Gradmaß beschränken.

2.3.2 Vollkreis-Winkelmesser

Entsprechend unserer Definition des Gradmaßes liegt es nahe, einen Vollkreis mit entsprechender Einteilung als Grundlage eines Winkelmessers zu wählen. Davon gab es sogar prachtvolle Exemplare (Abb. 2.35).

Abb. 2.35 Vollkreis-Winkelmesser; Sachsen, Anfang 17. Jahrhundert; Staatliche Kunstsammlungen Dresden, Mathematisch-Physikalischer Salon, Fotograf: Jürgen Karpinski, Dresden

Hier handelt es sich also *mathematisch* um eine unmittelbare Übersetzung der Idee in die Praxis. Die Ausführung der Teilung setzte allerdings tief gehende *technische* Entwicklungen voraus. Bei den Linealen konnte die Teilung von den Graveuren noch weitgehend per Hand durchgeführt werden. Bei den Winkelteilungen ging das kaum noch. *Technische* Ideen führten zur Erfindung von Teilungsmaschinen, die von den Instrumentenbauern wie Georg Friedrich Brander (1713–1783) in Augsburg meist geheim gehalten wurden. Der kunstvoll gestaltete Winkelmesser in Abb. 2.35 aus dem 17. Jahrhundert weist sowohl in der Wahl des Materials, der praktischen Ausführung als auch in der äußeren Gestaltung *handwerkliches* Können und künstlerisches Ausdrucksvermögen auf.

Wertvolle größere Instrumente waren häufig in Kästen aus Edelholz untergebracht, so wie der Vollkreis-Winkelmesser aus England (Abb. 2.36). Auch hierin drückt sich *handwerkliches* Können aus.

Abb. 2.36 Vollkreis-Winkelmesser der Fa. Webber & Son, Swansea, England, Ende des 19. Jahrhunderts

Mit *Präzisions-Winkelmessern* kann man die Einstell- und Ablesegenauigkeit durch einen Feintrieb und einen Nonius erhöhen. Das englische Instrument von Abb. 2.37 gestattet es, mit seiner *Feineinstellung* und dem *Nonius* als *technischen* Ideen Winkel auf 1 Minute genau abzutragen.

Abb. 2.37 Präzisions-Winkelmesser der Fa. W. F. Stanley, London, Ende des 19. Jahrhunderts

Auf einer *technischen* Idee beruhen auch die ausklappbaren Schenkel als Verlängerungen zur genaueren Ablesung und Einstellung. An den Enden sind Nadeln zum Markieren angebracht. Möglicherweise sollten sie ein Verrutschen verhindern. Auch dieses wertvolle Instrument ist in einem Kasten aus Edelholz untergebracht.

2.3.3 Halbkreis-Winkelmesser

Wesentlich häufiger waren und sind jedoch *Halbkreis-Winkelmesser*. Sie waren zunächst meist aus Metall gefertigt. Und auch bei ihnen gibt es Elemente zur Zierde, wie es z. B. die *handwerklich* liebevolle Gestaltung des Scheitels in Abb. 2.38 aus dem berühmten Geometriebuch von Johann Friedrich Penther (1693–1749) aus dem Jahr 1788[9] und das Berliner Instrument (Abb. 2.39) aus dieser Zeit zeigen. Halbkreis-Winkelmesser aus Metall oder Plexiglas gehören auch häufig zum Bestand der Zirkelkästen.

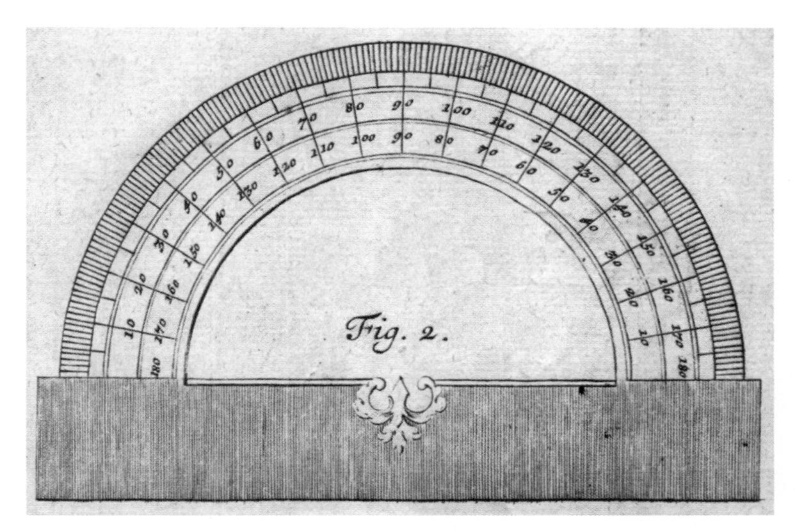

Abb. 2.38 Halbkreis-Winkelmesser, aus: Johann Friedrich Penther, *Praxis geometriae*, Augsburg 1788[9], Tab. II

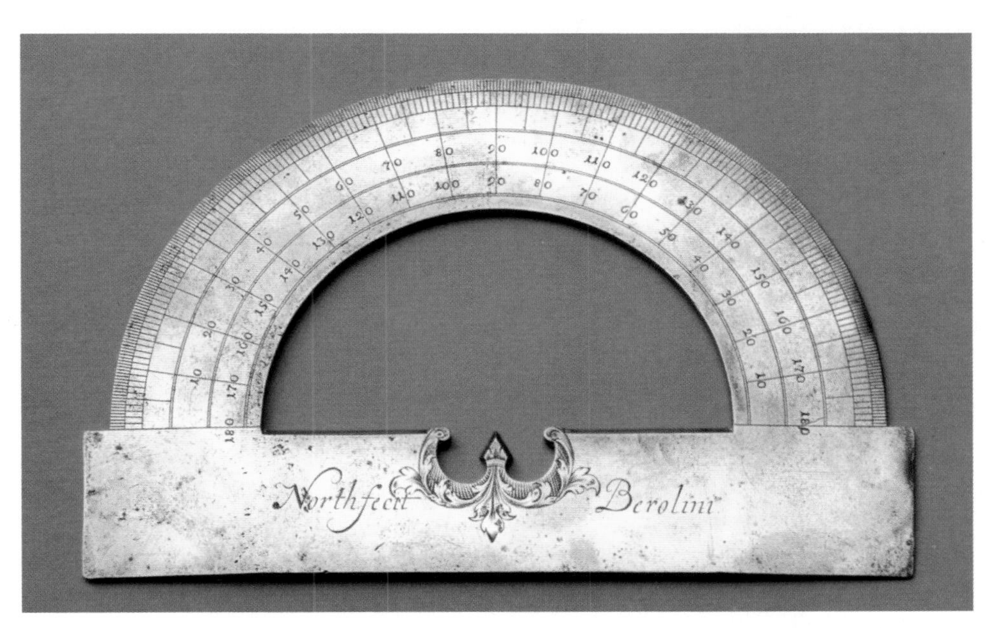

Abb. 2.39 Halbkreis-Winkelmesser aus Messing von North, Berlin, vermutlich Ende des 18. Jahrhunderts

Für das Arbeiten mit Landkarten gab es unten auf dem Halbkreis-Winkelmesser oft auch Transversalmaßstäbe in den gebräuchlichen Maßstäben der Landkarten. Das Instrument aus dem Beginn des 19. Jahrhunderts in Abb. 2.40 hat z. B. drei Transversalmaßstäbe auf der Grundlage des preußischen Dezimalfußes. Ablesbar sind die Maßstäbe 1:15 und 1:30, 1:20 und 1:40, 1:25 und 1:50.

Abb. 2.40 Halbkreis-Winkelmesser mit 6 Transversalmaßstäben von W. Fuchs, Berlin, 1820

Für große Zeichnungen und Karten wurden *Präzisions-Winkelmesser* mit *Regel* (drehbarem Schenkel), *Feineinstellung* und *Nonius* als *technischen* Ideen gefertigt.

2.3.4 Eckige Winkelmesser

In England waren im 18. und 19. Jahrhundert *Rechteck-Winkelmesser* weit verbreitet. Sie wirken etwas befremdend, denn das Gradmaß war ja am Kreis eingeführt worden. Andererseits hat man natürlich keine Probleme, sich vorzustellen, wie sie entstehen können. Man braucht ja nur einen Halbkreis-Winkelmesser passend auf ein Rechteck zu legen. Dann denkt man sich Halbgeraden von Scheitel über die Markierungen auf dem Winkelmesser gezogen und markiert die Stellen, an denen die Seiten des Rechtecks geschnitten werden. Das also ist das ganze Geheimnis eines Rechteck-Winkelmessers wie in Abb. 2.41.

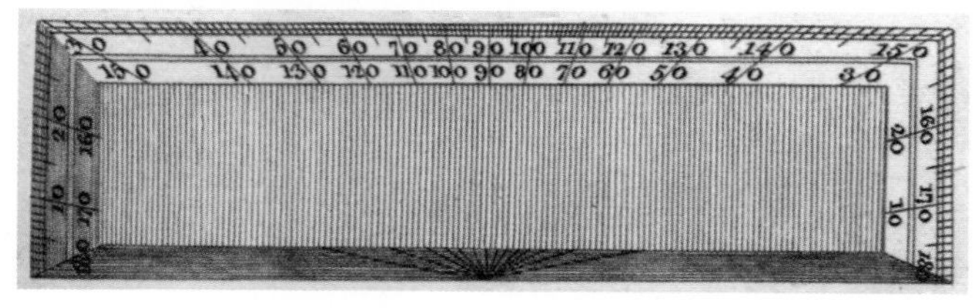

Abb. 2.41 Rechteck-Winkelmesser, aus: G. Adams, *Geometrical and graphical essays*, London 1797[2], plate III

Ein Rechteck-Winkelmesser bietet außer der Winkelskala Platz für weitere Skalen. Das Instrument von Abb. 2.42 enthält lineare Skalen unterschiedlicher Einheiten sowie eine *Chordenskala.* Sie liefert zu den Winkeln die zugehörigen Sehnen am Einheitskreis. Auf der Rückseite finden sich verschiedene Linearskalen zu unterschiedlichen Einheiten sowie zwei Transversalskalen.

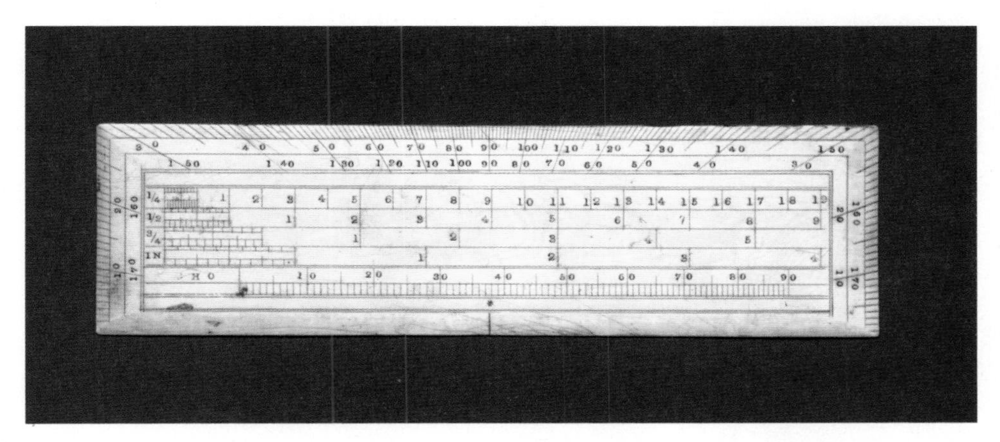

Abb. 2.42 Englischer Rechteck-Winkelmesser aus dem 19. Jahrhundert; Elfenbein

In der Nautik sind gleichschenklig-rechtwinklige Dreiecke gebräuchlich, auf deren Schenkeln ebenfalls Winkelskalen angebracht sind.

Das heutige *Geodreieck*, das noch beide Skalentypen besitzt, lässt gut das Entstehen eines *Dreieck-Winkelmessers* erkennen (Abb. 2.43).

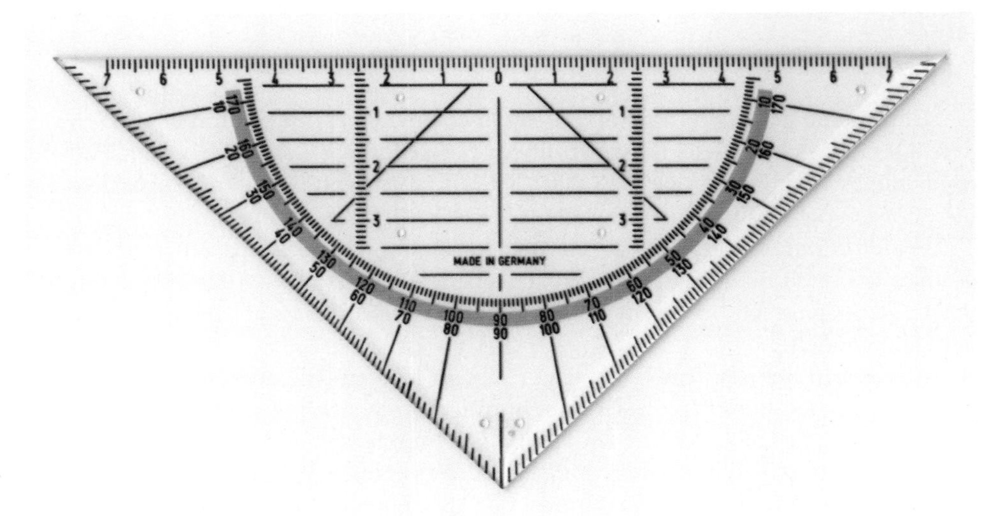

Abb. 2.43 Geodreieck mit Halbkreis-Winkelmesser und Dreieck-Winkelmesser aus Plexiglas

2.3.5 Doppelwinkelmesser

Zum ersten Mal sah ich das Gerät auf einem Flohmarkt an einem Stand mit russischen Militärartikeln.

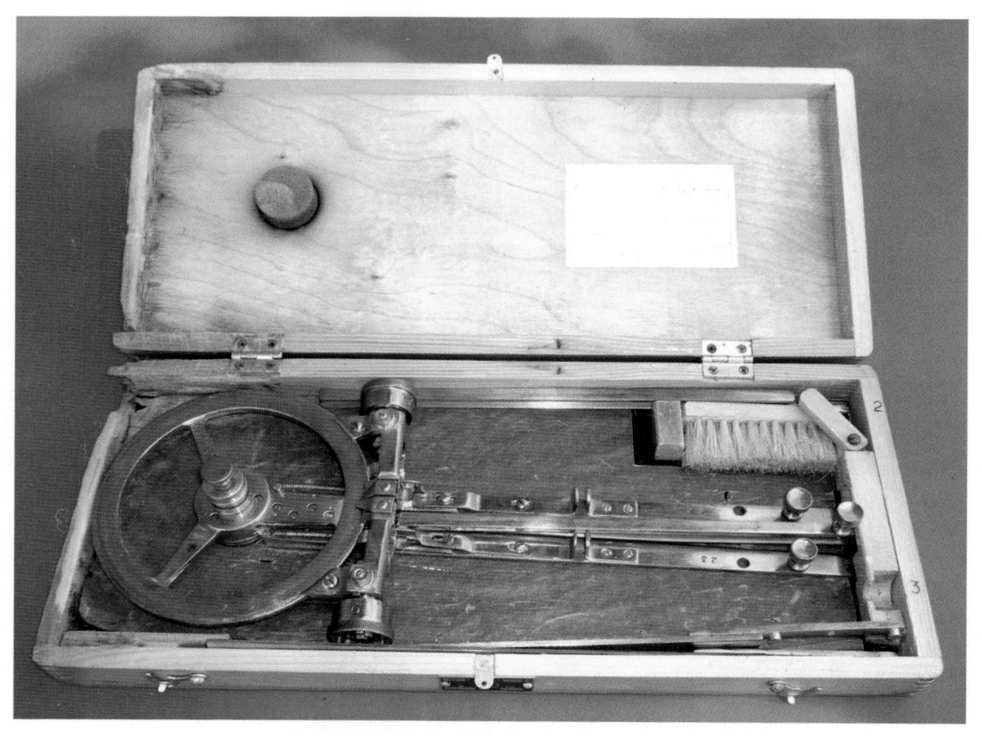

Abb. 2.44 Russischer Protraktor

Das golden glänzende Instrument lag in einem etwas mitgenommenen Holzkasten. Dass es sich um ein Messinstrument handelte, war unmittelbar klar. Auf der Bedienungsanleitung las ich ПРОТРАКТОР, also Protraktor. Im Englischen bedeutet *protractor* ja Winkelmesser. Damit war mein Interesse geweckt.

Leider konnte mir der Verkäufer nicht erklären, wozu das Instrument diente. So konnte ich mich nicht zum Kauf entschließen, forschte aber zu Hause im Internet nach. Dabei fand ich heraus, dass es sich um ein Instrument zur Navigation in Küstennähe handelte.

Wir stellen uns also ein U-Boot vor, das in Küstennähe auftaucht und nun auf der Seekarte den Punkt (S) finden möchte, an dem es sich befindet (Abb. 2.45). Der Navigator sucht auf der Karte drei markante Punkte aus und findet einen Leuchtturm (A), einen Kirchturm (B) und einen Wasserturm (C). Dann nimmt er den Sextanten, den berühmten Winkelmesser der Seeleute, aus seinem Kasten und steigt auf den Turm des U-Boots. Dort entdeckt er an Land tatsächlich die drei Türme, peilt sie nacheinander an und liest die beiden Winkel α und β ab.

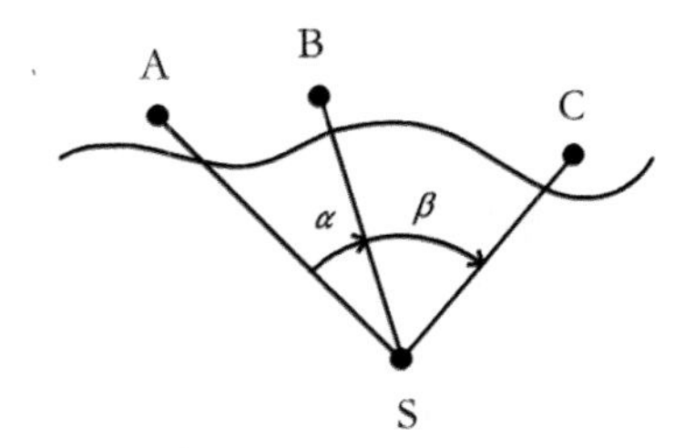

Abb. 2.45 Bestimmung des Standortes in Küstennähe

Nun steigt er wieder in das Bootsinnere hinab in den Navigationsraum. Dort stellt er auf dem Doppelwinkelmesser die beiden Winkel ein und legt dann das Instrument so auf die Seekarte, dass durch jeden der Punkte A, B und C je ein Schenkel geht (Abb. 2.46). Der Scheitelpunkt ist der gesuchte Standort S des Schiffes auf der Seekarte. Dieser wird mit der Stahlspitze markiert.

Konnte man die Winkel α und β vom Standort aus messen, dann erscheint es plausibel, dass man das Gerät auf der Karte so anlegen kann, dass bei ausreichender Schenkellänge die drei Schenkel durch die drei Punkte gehen. Schwierigkeiten bereitet eher die Frage, ob es nur eine mögliche Lage gibt, ob also der Standort eindeutig bestimmt ist.

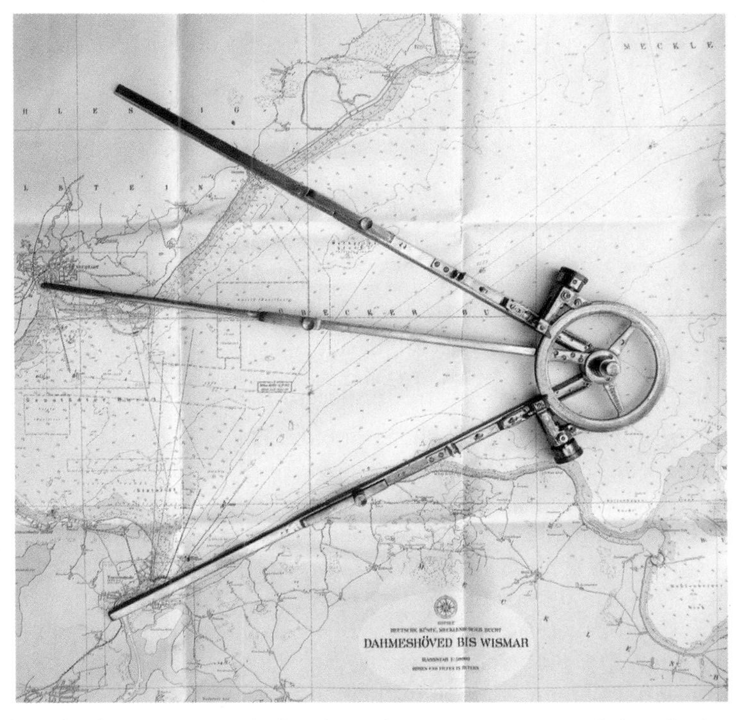

Abb. 2.46 Standortbestimmung mit dem kompletten Instrument auf einer Seekarte des Deutschen Hydrographischen Instituts Hamburg aus dem Jahr 1967

Unwillkürlich musste ich an die Geschichte mit den Schildbürgern denken, die im Krieg ihre Glocke versenkten und die Stelle am Bootsrand markierten, über die das Seil mit der Glocke gerutscht war. Als der Krieg vorbei war, fanden sie wohl die Kerbe im Boot, nicht aber die Glocke. Könnte nicht auch bei dem Doppelwinkelmesser der Fall eintreten, dass für den Standort mehrere Punkte infrage kommen? Beschäftigen wir uns also etwas gründlicher mit der *mathematischen Idee*, die diesem Instrument zugrunde liegt.

Betrachten wir zunächst einmal den Winkel α (Abb. 2.47, links). Aus der Geometrie ist klar, dass die Scheitelpunkte aller Winkel, die gleich α sind und deren Schenkel durch A und B gehen, auf einem Kreisbogen $\overset{\frown}{AB}$ über der Sehne $\overline{AB}$ liegen. Eine entsprechende Überlegung führt darauf, dass die Scheitelpunkte von Winkeln der Größe β, deren Schenkel durch B und C gehen, auf dem Kreisbogen $\overset{\frown}{BC}$ liegen. (Die Punkte A, B, C gehören nicht zu den Bögen.) Ein Schnittpunkt der beiden Kreisbögen ist der gesuchte Standort S.

In Abb. 2.47 links ist der Punkt S der einzige gemeinsame Scheitelpunkt der Winkel α und β.

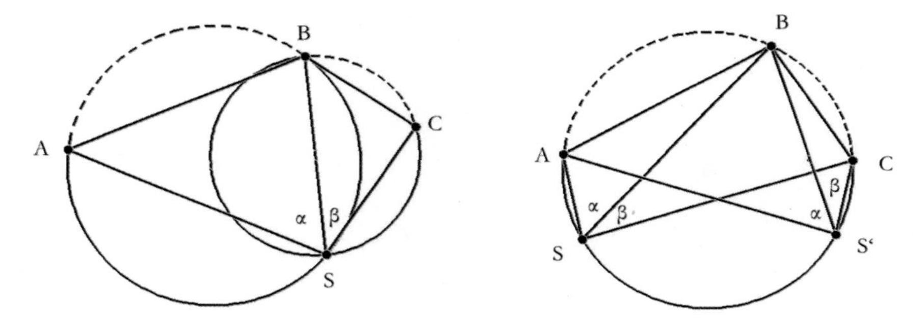

Abb. 2.47 Links: ein Schnittpunkt S; rechts: unendlich viele Schnittpunkte S, S', …

Ist das immer so? Erwischt man beim Anpeilen der drei Punkte A, B und C allerdings einen Punkt S, der auf dem Kreis durch A, B und C liegt, dann haben $\overset{\frown}{AB}$ und $\overset{\frown}{BC}$ den Bogen $\overset{\frown}{AC}$ gemeinsam. In diesem Fall sind alle Punkte des Kreisbogens $\overset{\frown}{AC}$ mögliche gemeinsame Scheitelpunkte. Hier versagt das Instrument. Dieser Kreis wird in der Nautik als „gefährlicher Kreis" bezeichnet (Abb. 2.47 rechts). Um ihn zu vermeiden, wird in der Praxis der Rat gegeben, drei Punkte so zu wählen, dass sie möglichst nahe an einer Geraden liegen.

Es bleibt freilich noch die Rolle der *Seekarte* zu klären. Seekarten für Küstenregionen gibt es in sehr unterschiedlichen *Maßstäben*. Die Seekarte in Abb. 2.46 hat z. B. den Maßstab 1:50 000. Doch auch größere Maßstäbe wie 1:20 000 und kleinere Maßstäbe wie 1:200 000 sind üblich. Seekarten sind *winkeltreu*. Das ist eine wesentliche Forderung. Denn sie ist entscheidend dafür, dass ein Instrument für alle diese Karten verwendet werden kann.

Der verwendete geometrische Lehrsatz ist die Umkehrung des *Umfangswinkelsatzes*. Da es nur wenige praktische Anwendungen dieses Satzes gibt, interessierte mich der Doppelwinkelmesser, und ich konnte tatsächlich ein derartiges Instrument erwerben. (Es handelt sich um das in Abb. 2.44 abgebildete Instrument.)

Um auch *technische* Ideen in dem Instrument zu entdecken, sehen wir es uns etwas genauer an (Abb. 2.48).

Abb. 2.48 Das Instrument

Das Gerät ist so eingerichtet, dass man mit ihm zwei nebeneinanderliegende Winkel mit gemeinsamem Scheitel und einem gemeinsamen Schenkel einstellen kann.

Den Scheitel kann man mit Hilfe einer Stahlspitze genau einstellen und auf der Unterlage durch Druck markieren. Auf dem Messkreis von 12,5 cm Durchmesser sind Winkel von jeweils 0° bis 180° in Gradeinteilung markiert.

Drei Stäbe dienen als Schenkel der beiden Winkel. Das Gerät wird daher auch als *dreiarmiger Winkelmesser* (engl. *three-arm protractor*) bezeichnet. Der mittlere Stab ist fest mit dem Messkreis verbunden. Eine Kante stellt den gemeinsamen Schenkel der beiden Winkel dar. Diese Kante weist auf 0° und auf den Scheitelpunkt. Die beiden äußeren Stäbe sind um den Scheitelpunkt drehbar. Ihre Innenkanten weisen ebenfalls auf den Scheitelpunkt hin und stellen die anderen Schenkel der beiden Winkel dar.

An den äußeren Stäben befinden sich Stellschrauben, mit denen sich der jeweilige Winkel auf Minuten genau einstellen lässt (Abb. 2.49).

Abb. 2.49 Stellrad zur Feineinstellung

Am Messkreis ist ein Zahnkranz angebracht, in den ein Gewinde am Stellrad eingreift. Das ist eine der *technischen* Ideen an diesem Instrument.

Als *technische* Idee betrachte ich auch die Einrichtung, dass sich die Stellräder mit Hilfe von jeweils zwei Schiebern auf den äußeren Stangen vom Messkreis abklappen lassen, damit man zunächst mit den Stäben grob die Gradeinteilung vornehmen kann. Anschließend stellt man mit den wieder eingerasteten Stellschrauben fein die Minuten ein. Gleichzeitig erzeugen die Stellräder einen Widerstand gegen unwillkürliche Veränderungen der Stäbe beim Hantieren. An die drei Stäbe lassen sich Teile anschrauben, sodass die kompletten Schenkel dann jeweils eine Länge von 52,7 cm haben.

Als Erfinder des Doppelwinkelmessers wird im Allgemeinen der englische Hydrograph und Kartograph Murdoch McKenzie (1712–1797) genannt, der durch die Vermessung der Orkney Inseln bekannt wurde. Im Jahr 1774 erschien sein Buch *A Treatise on Maritime Surveying*, das bald zu einem Standardwerk wurde. Darin beschreibt er auch ausführlich den *Station Pointer*. Andererseits ist für den Bereich der Landmessung z. B. ein Doppelwinkelmesser mit Absehen von Anton Sneewins aus Delft aus der Mitte des 17. Jahrhunderts aus der Sammlung des Grafen Axel von Löwen bekannt [Hamel 2011, S. 39].

Der *Station Pointer* ist bis in die Gegenwart in der *terrestrischen Navigation* verwendet worden. Es gab zahlreiche Hersteller hauptsächlich in England. Aber auch deutsche und japanische Instrumente sind bekannt. In Deutschland war gleichfalls die Bezeichnung *Stationszeiger* gebräuchlich. Schließlich sei noch darauf verwiesen, dass die Instrumente zugleich bei geodätischen Arbeiten verwendet werden können. Noch heute werden international klassische Instrumente aus Metall und obendrein einfache Instrumente aus Plastik angeboten.

Dabei ist zu erwähnen, dass diese Instrumente in sorgfältig geplanten Kästen untergebracht sind, die sicherstellten, dass sie ohne Schaden aufbewahrt und transportiert werden konnten. Dabei sind auch Halterungen für die Verlängerungsstäbe, häufig auch für die Punktiernadel oder die Befestigungsschrauben vorgesehen. Auf diese Weise sind praktisch alle Teile beim Transport arretiert.

2.4 Winkelmessung im Freien

2.4.1 Der Messtisch und das Visierlineal

Beim *Messtisch* handelt es sich um eine Erfindung, die auf Johann Prätorius (1537–1616) in Altdorf bei Nürnberg aus dem Jahre 1590 zurückgeht.

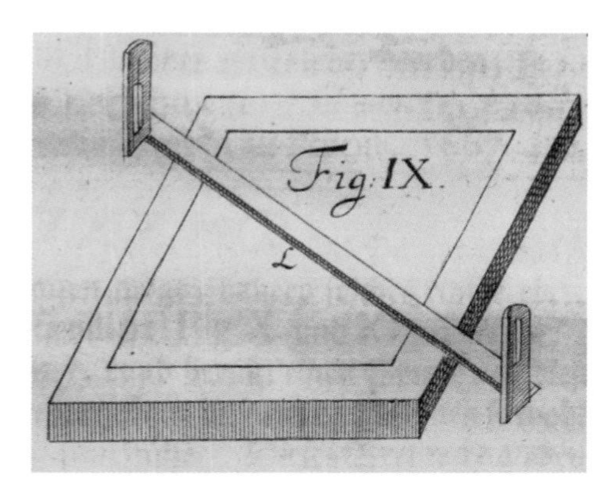

Abb. 2.50 Messtisch nach Prätorius, aus: Jakob Leupold, *Theatrum arithmetico-geometricum*, Leipzig 1727, Tab. XXX

Das Instrument wurde vor allem durch seinen Schüler Daniel Schwenter (1585–1636) in dessen *Geometriae practicae novae tractatus* (1618) bekannt gemacht. Eine ausführliche Beschreibung für den Bau einer solchen *Mensula Praetoriana* gibt Jakob Leupold in seinem *Theatrum arithmetico-geometricum* (1727).

Der Messtisch besteht aus einer Platte, auf der man einen Bogen Papier befestigen kann (Abb. 2.50). Auf dem Tisch liegt ein *Visierlineal* mit *Absehen* (Dioptern) an den Enden. Damit kann man einen markanten Punkt (z. B. eine Kirchturmspitze) anvisieren und dann eine Linie zeichnen, die parallel zu der Verbindungslinie zwischen Beobachter und anvisiertem Punkt verläuft. Das entscheidende Instrument ist also das Visierlineal (Abb. 2.51).

Abb. 2.51 Visierlineal, Neuhöfer & Sohn, Wien, 1. Hälfte des 20. Jahrhunderts

Die Diopter bestehen hier aus zwei Reitern mit Schlitzen, die in der Visierlinie liegen. In der Mitte eines Schlitzes befindet sich ein Rosshaar, das eine sehr genaue Einstellung auf den Zielpunkt ermöglich.

Erfolgreich war der Messtisch bei der topographischen Landesaufnahme Sachsens Ende des 18. Jahrhunderts [Harmßen 1996] und der bayerischen Landvermessung zu Beginn des 19. Jahrhunderts [Seeberger 2001].

Wie ein solcher Messtisch im Gelände zu verwenden ist, zeigt Leonhard Zubler (1563–1609) sehr anschaulich (Abb. 2.52).

Es geht hier um die Bestimmung der Entfernung $\overline{AC}$ nach dem *Vorwärtseinschneiden*. (Im Folgenden übernehme ich weitgehend Zublers Bezeichnungen.) Man legt zunächst eine *Standlinie* $\overline{AB}$ fest und misst ihre Länge. Nun visiert man von A aus den Punkt B (Fluchtstab) mit dem Visierlineal an und zeichnet damit eine Gerade. Dann visiert man den Punkt C an und zeichnet wieder eine Gerade. Anschließend wechselt man zu Punkt B, legt das Visierlineal an die gezeichnete Gerade und stellt den Messtisch so ein, dass die Visierlinie A trifft. Nun visiert man C an und zeichnet die entsprechende Linie ein.

Abb. 2.52 Messtisch, aus: Leonhard Zubler, *Fabrica et usus instrumenti chorographici*, Basel 1607, S. 8

Auf dem Zeichenblatt ist nun ein Dreieck $A'B'C'$ gezeichnet, das dem Dreieck im Gelände *ähnlich* ist (Abb. 2.53).

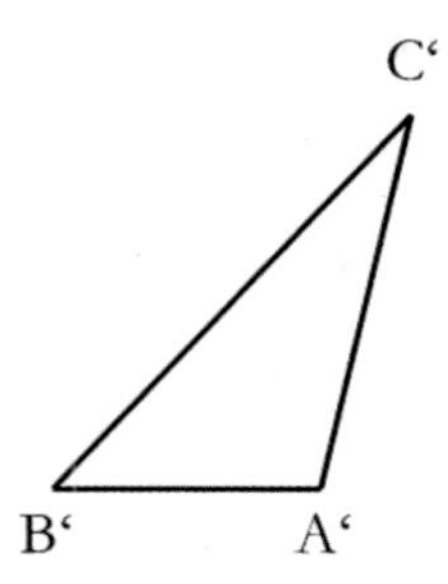

Abb. 2.53 Das auf dem Messtisch gezeichnete Dreieck

Liest man die Länge $\overline{A'B'}$ ab und vergleicht sie mit der Länge $\overline{AB}$, so erhält man den Verkleinerungsmaßstab. Nun kann man die Länge $\overline{A'C'}$ ablesen und mit Hilfe des Verkleinerungsmaßstabes die unbekannte Originallänge $\overline{AC}$ berechnen.

Beispiel: $\overline{AB} = 10$ m; $\overline{A'B'} = 0{,}05$ m
Das ergibt als Verkleinerungsmaßstab:

$$\overline{A'B'} : \overline{AB} = 0{,}05 : 10 = 1 : 200.$$

Liest man ab: $\overline{A'C'} = 0{,}27$ m, dann erhält man durch Multiplikation mit 200:

$$\overline{AC} = 54\,\text{m}\,.$$

Zum Verständnis des Messtisches ist also wesentlich, dass man zu einem Dreieck im Gelände ein *ähnliches* Dreieck auf dem Messtisch zeichnet. Denn wenn man bei einem Dreieck Parallelen zu den Seiten zeichnet, so entsteht ein Dreieck, bei dem die Größen der Winkel mit denen der entsprechenden Winkel im Ausgangsdreieck übereinstimmen. Das ist die entscheidende *mathematische* Idee und ihre Begründung.

Dann macht man Gebrauch davon, dass bei ähnlichen Dreiecken die Verhältnisse der Längen entsprechender Seiten gleich sind. Das Prinzip des Messtisches ergibt sich also aus der *Ähnlichkeitsgeometrie*.

2.4.2 Der Bodenspiegel

Um die *Höhe* eines Turmes zu bestimmen, kann man sich eines *Spiegels* bedienen, der auf dem Boden liegt und bei dem man sich einen Standplatz sucht, von dem aus man die Turmspitze im Spiegel sieht (Abb. 2.54). Dem Zeichner ist die Darstellung der Situation allerdings nicht gerade gut gelungen.

An sich ist es schon verwunderlich, dass die hohe Turmspitze in dem liegenden Spiegel zu sehen ist. Aber das kann man mit Hilfe des Reflexionsgesetzes („Einfallswinkel = Ausfallswinkel“) und ähnlichen Dreiecken erklären. Sie liefern gleiche

Verhältnisse der Seiten, aus denen man die unbekannte Höhe ermitteln kann. Das Verfahren wird in alten Büchern zur *Vermessung* immer wieder beschrieben. Wir betrachten es an dem Bild von Jakob Köbel (um 1460–1533) etwas näher (Abb. 2.54).

Abb. 2.54 Höhenmessung mit einem Spiegel, aus: Jakob Köbel, *Geometrei*, Frankfurt 1535, S. [18]

In dem Bild sind 5 Punkte *a* (Auge), *b* (Fußpunkt des Lotes), *c* (Spiegelmitte), *d* (Turmfuß), *e* (Dachtraufe) hervorgehoben. Die Dreiecke *abc* und *cde* sind einander ähnlich. (Die Seite *ac* muss man sich denken.) Die Verhältnisse entsprechender Seiten sind gleich, also:

$$ed : dc = ab : bc.$$

Die drei Seiten *ab*, *bc* und *dc* kann man messen; damit kann man dann die unbekannte Höhe *ed* berechnen.

2.4.3 Der Jakobsstab

Ebenfalls mit ähnlichen Dreiecken arbeitet der *Jakobsstab*, bei dem es sich um ein vielfach verwendbares Instrument zur *Höhenbestimmung* handelt. In Abb. 2.55 wird es wieder zum Ausmessen eines Turms verwendet. Wichtige Anwendungsbereiche waren aber auch *Astronomie* und *Nautik*.

Der Jakobsstab besteht aus einem markierten Stab, auf dem man einen kurzen senkrecht stehenden Stab verschieben kann. Man setzt den Jakobsstab waagerecht am Jochbein an und visiert über den kurzen Stab den fraglichen Punkt an. Und wieder erhält man ähnliche Dreiecke. Am Jakobsstab kann man ein Seitenverhältnis ablesen. Die Entfernung des Beobachters vom Turm kann man messen und damit die interessierende Höhe berechnen. (In Abb. 2.55 ist es die Fensterhöhe, weil der Jakobsstab von der entsprechenden Position aus waagerecht auf die Unterkante des Fensters zeigt.)

Abb. 2.55 Jakobsstab, aus: Jakob Köbel, *Geometrei*, Frankfurt 1535, S. [12]

Bei Beobachtungen in der Astronomie und der Nautik benötigt man nur *Winkel*. Tatsächlich liefert die Beobachtung mit dem Jakobsstab einen bestimmten Winkel, dessen Maß man bei entsprechender Eichung aus der Stellung des Querholzes ablesen kann. Das erklärt die weite Verbreitung dieses Instruments bis ins 18. Jahrhundert. Allerdings ruinierte das Beobachten des Sonnenstandes mit diesem Instrument vielen Seefahrern die Augen.

Jakobsstäbe gab es in vielen Varianten: mit kreuzförmigem Querstab und mit mehreren parallelen Querstäben.

2.4.4 Das geometrische Quadrat

Sowohl zur Bestimmung von Höhen als auch von Entfernungen diente das *geometrische Quadrat* (Abb. 2.56). Es besteht aus einem quadratischen Rahmen, bei dem an einer Ecke ein Drehstab mit zwei *Absehen* (*Diopter*n) befestigt ist, der als *Regel* (*Alhidade*) bezeichnet wird. An dieser Ecke ist auch ein *Senkel* befestigt, mit dem man das Instrument senkrecht ausrichten kann. Die beiden Seiten, die dem Drehpunkt gegenüberliegen, sind jeweils in 100 gleiche Teile geteilt. Die waagerechte Skala wird als *Latus Rectum,* die senkrechte Seite als *Latus Versum* bezeichnet. Die Bezeichnungen gehen auf Georg von Peuerbach (1423–1461) zurück, der in seiner Schrift *Quadratum geometricum*, Nürnberg 1516, das Instrument beschrieben hat.

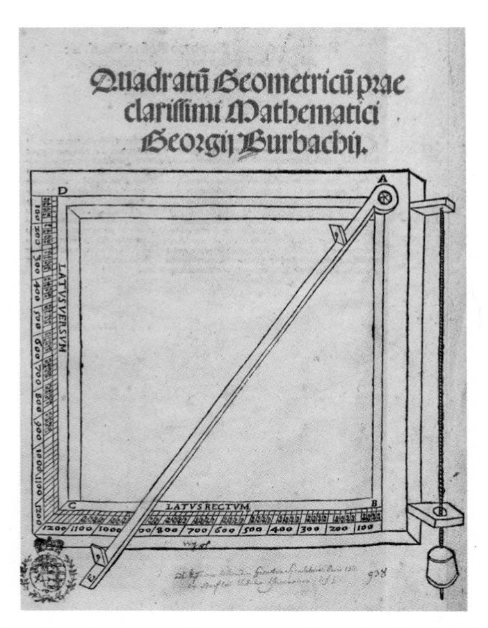

Abb. 2.56 Geometrisches Quadrat, aus: Georg von Peuerbach, *Quadratum geometricum*, Nürnberg 1516, Titelbild

Zur Messung einer Turmhöhe stellt man das Instrument so ein, dass der Senkel korrekt hängt. Dann visiert man den interessierenden Punkt an und kann nun ein Seitenverhältnis ablesen, aus dem man bei bekanntem Abstand des Beobachters vom Turm dessen Höhe berechnen kann (Abb. 2.57).

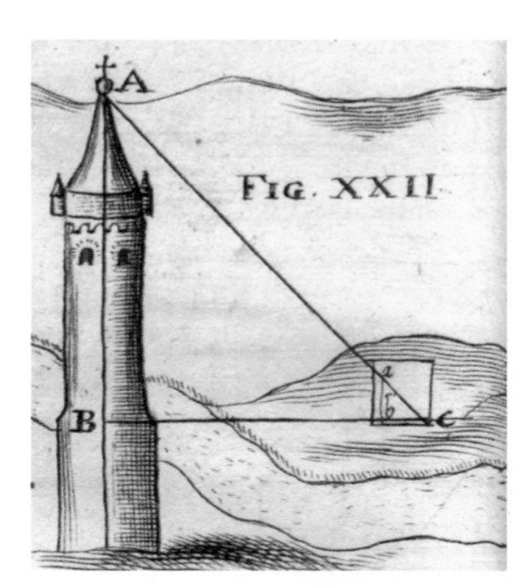

Abb. 2.57 Bestimmung einer Höhe mit dem Geometrischen Quadrat, aus: Kaspar Schott, *Pantometrum Kircherianum*, Würzburg 1669, Iconismus V

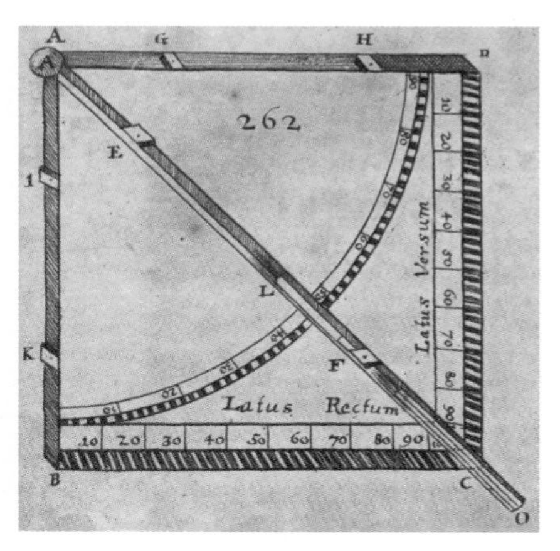

Abb. 2.58 Geometrisches Quadrat, aus: Kaspar Schott, *Cursus mathematicus*, Würzburg 1661, Iconismus II

In einer späteren Variante wird noch ein Viertelkreis eingefügt, sodass man auch den Winkel ablesen kann (Abb. 2.58).

2.4.5 Scheibeninstrumente

Bei den geometrischen Quadraten haben wir Instrumente kennengelernt, die einen Viertelkreis-Winkelmesser enthalten, mit denen man Winkel im Gelände mit Hilfe einer Regel messen kann, auf der sich Absehen befinden. Von da ist es technisch nicht weit zu den Vollkreis-, Halbkreis- und Viertelkreisinstrumenten, mit denen horizontale und vertikale Winkel gemessen werden.

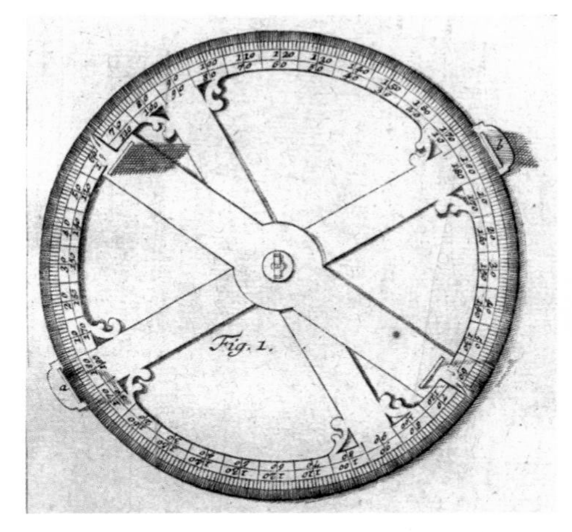

Abb. 2.59 Vollkreisinstrument, aus: Johann Friedrich Penther, *Praxis geometriae*, Augsburg 1788[9], Tab. IV

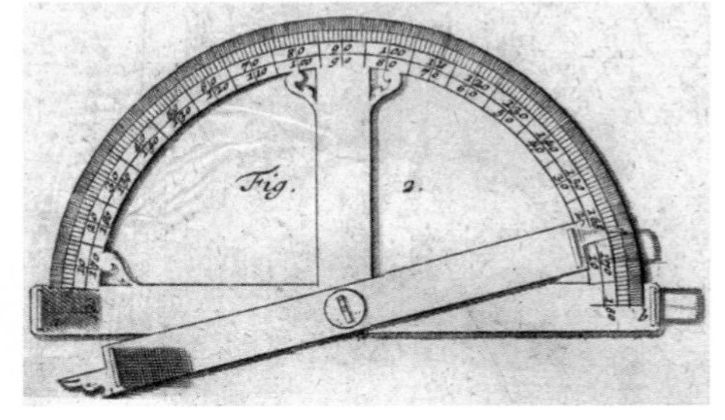

Abb. 2.60 Halbkreisinstrument, aus: Johann Friedrich Penther, *Praxis geometriae*, Augsburg 1788[9], Tab. IV

Abb. 2.59 zeigt ein typisches *Vollkreisinstrument* mit einem Diopter auf einem festen Lineal und einem zweiten auf einer drehbaren Regel.

Meist wurde es auf ein Stativ gesteckt. Um den Winkel zwischen zwei Punkten in der Ebene zu messen, stellte man das Instrument auf den ersten Messpunkt ein und drehte dann die Regel so weit, bis man den 2. Messpunkt im Visier hatte.

Neben den Vollkreisinstrumenten gab es auch *Halbkreisinstrumente* (*Graphometer*) (Abb. 2.60).

Häufig wurde noch ein *Kompass* (*Bussole*) eingebaut, um die feste Regel mit ihren Diopter z. B. auf Nord-Süd-Richtung einzustellen (Abb. 2.61). Damit hatte man für waagerechte Winkelmessung eine Orientierung.

Um auch bei senkrechter Winkelmessung eine Orientierung zu haben, bediente man sich einer *Wasserwaage* (*Libelle*), um die feste Regel horizontal einzustellen (Abb. 2.62).

Frühe Instrumente aus dem 17. Jahrhundert glänzen durch ihr prachtvolles Äußere (Abb. 2.61). Die Instrumente des 19. Jahrhundert beeindrucken durch ihre Präzision. So ermöglicht das Instrument von Abb. 2.62 eine *Nonius-Ablesung* des Winkelmaßes.

Abb. 2.61 Vollkreisinstrument aus Messing von Johann Eggerich Frerß aus Cölln bei Berlin um 1660, Foto: Museumslandschaft Hessen Kassel, Astronomisch-Physikalisches Kabinett Kassel

Abb. 2.62 Halbkreisinstrument von W. F. Stanley, London, aus dem 19. Jahrhundert

Zunächst wurden die grundlegenden Vermessungsaufgaben *konstruktiv*, später auch mit Hilfe der Trigonometrie *rechnerisch* gelöst. Noch im 20. Jahrhundert gab es allerdings auch Instrumente, um z. B. beim *Vorwärtseinschneiden* das Dreieck *konkret* zu bilden.

Mit dem *Messdreieck* in Abb. 2.63 konnte man die Standlinie als maßstabsgerechte Grundlinie wählen, indem man das rechte Lineal geschickt längs der Grundlinie verschob. Mit Hilfe der Winkelmesser konnte man dann die entsprechenden Winkel an den seitlichen Schenkeln einstellen. Der Schnittpunkt der Schenkel ergab dann den dritten Eckpunkt, sodass man an dem entsprechenden Schenkel maßstabsgerecht die unbekannte Entfernung ablesen konnte.

Abb. 2.63 Messdreieck der Fa. Gebr. Haff, Pfronten; zwei Winkelmesser in militärische Strich geteilt (der Vollwinkel in 6400 Teile); Noniuseinstellungen, 1920er Jahre

Die *mathematische* Grundlage beruhte darauf, dass Dreiecke, die in zwei Winkeln übereinstimmen, ähnlich sind. Die *technische* Idee bestand darin, drei Stangen durch zwei Gelenke zu verbinden und an ihnen Winkelmesser anzubringen. Auf den Stangen waren Dezimalskalen angebracht, um Längen maßstabgerecht einstellen bzw. ablesen zu können.

Diese Instrumente gehören historisch zu den *Triangulations-Instrumenten* [Schmidt 1935, S. 369–381], bei denen man aus drei miteinander verbundenen Stangen ein beliebiges Dreieck einstellen kann. Ein berühmtes Instrument (das „Triangularinstrument") stammt von Jost Bürgi [Mackensen 1988[3]].

Eine besondere Bedeutung hatten schließlich die *Quadranten,* bei denen es sich um Viertelkreisinstrumente handelte. Quadranten waren schon im Altertum bekannt. Sie wurden aus Holz oder aus Metall hergestellt und in der Landvermessung und in der Astronomie verwendet. In der Astronomie dienten sie als *Mauerquadranten* zur Höhenmessung von Sternen [Hamel 2012]. Auch die Würzburger Sternwarte auf dem Turm der Neubaukirche besaß seit 1762 zwei von dem Kunstschreiner Johann Georg Neßtfell (1694-1762) gefertigte Mauerquadranten (Abb. 2.64).

Abb. 2.64 Würzburger Mauerquadrant von Johann Georg Neßtfell im Deutschen Museum München, Foto: Deutsches Museum

Zum Messen waagerechter Winkel wurden Instrumente mit *Diopterlineal* (Alhidade) verwendet. Für senkrechte Winkelmessung wurden *Senkelquadranten* bevorzugt, bei denen der Messpunkt über Diopter an der Kante anvisiert wurde. Der Senkel zeigte dann über der Winkelskala die Winkelgröße an (Abb. 2.65).

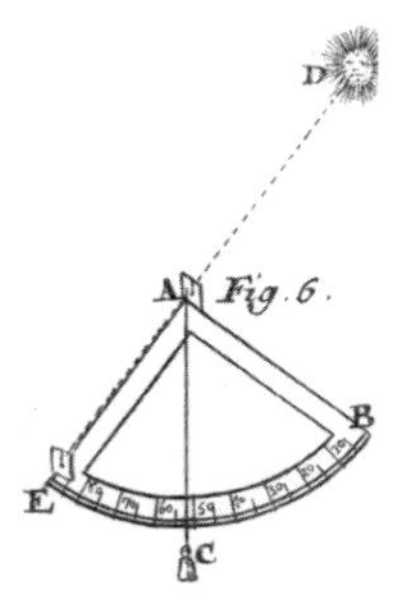

Abb. 2.65 Senkelquadrant, aus: Nicolas Bion, *Traité*, Paris 1752, S. 272

Das Instrument von Abb. 2.58 kombiniert offensichtlich ein geometrisches Quadrat mit einem Quadranten.

Betrachten wir schließlich den prachtvollen *Theodoliten* von Abb. 3 (S. 6), so erkennen wir, dass es sich dabei um die *Kombination* eines Vollkreisinstruments zum Messen waagerechter Winkel mit einem Halbkreisinstrument zum Messen senkrechter Winkel handelt. Bei beiden Teilinstrumenten wird jeweils über ein Visierlineal mit Diooptern anvisiert. Zur Ausrichtung in Nord-Süd-Richtung ist ein *Kompass* (Bussole) angebracht.

Es ist offensichtlich, dass es sich bei allen diesen Instrumenten um *technische* Weiterentwicklungen handelt. Wie wir gesehen haben, sind sie darauf ausgerichtet, das Messen zu erleichtern und die Messwerte zu verbessern.

2.4.6 Winkelmesser mit Fernrohren

Eine wesentliche *technische* Neuerung brachten die *Fernrohre*. Sie ersetzten bei den Winkelmessern die Diopter. Besonders eindruckvolle und leistungsfähige Instrumente, die vor allem in der *Landvermessung* eingesetzt wurden, waren die mit Fernrohren versehenen *Theodoliten* (Abb. 2.66).

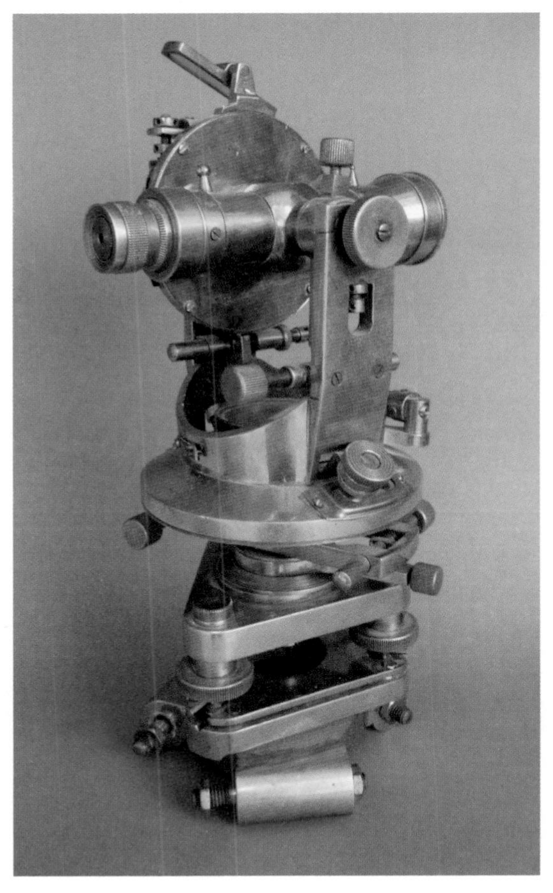

Abb. 2.66 Theodolit von Stanley, London 1940

Das Instrument ist außerdem mit einem *Kompass* (Bussole) und einer *Wasserwaage* (Libelle) ausgestattet. Diese Instrumente wurden von Stativen aus verwendet, die selbst die Ausrichtung in verschiedenen Richtungen erlaubten. Allein diese knappen Hinweise machen deutlich, wie viele *technische* Ideen in diesen ausgereiften Instrumenten zu finden sind.

Theodoliten wurden gelegentlich auch in der *Nautik* – etwa zur Winkelmessung bei der terrestrischen Navigation – eingesetzt.

2.4.7 Spiegelinstrumente

Für die Navigation auf hoher See wurde über Jahrhunderte der Jakobsstab verwendet. Dabei ging es darum, die *geographische Länge* und *Breite* des Standortes aus dem Stand der Gestirne zu bestimmen. Auf der Nordhalbkugel brauchte man z. B. nur die Höhe des Polarsterns zu messen und erhielt damit die *geographische Breite*. Auch durch Messung der Sonnenhöhe zur Mittagszeit ließ sich mit Hilfe von Tabellen, aus denen man die *Deklination* der Sonne zum jeweiligen Datum ablesen konnte, die geographische Breite berechnen. Die *geographische Länge* konnte man aus dem Unterschied zwischen der Mittagszeit von Greenwich und der örtlichen Mittagszeit berechnen. Lange Zeit fehlten jedoch ausreichend genaue Uhren. Die Konstruktion eines brauchbaren *Chronometers* im Jahre 1759 durch John Harrison (1693–1776) löste das Problem [Sobel 1996].

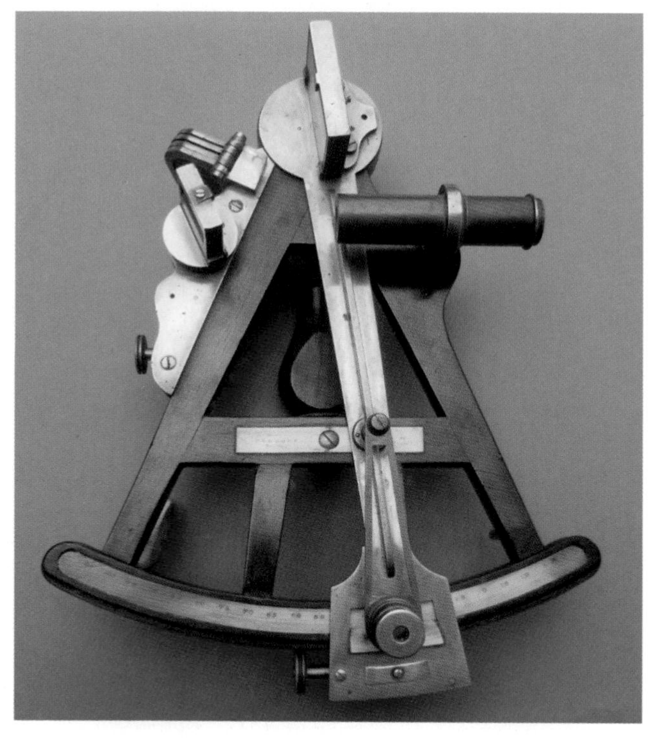

Abb. 2.67 Oktant von Parrot, Ende des 19. Jahrhunderts

Auch die Genauigkeit der Winkelmessungen hatte in dieser Zeit mit Hilfe von Spiegelinstrumenten deutlich gesteigert werden können. Nach einer Idee von Robert Hooke (1635–1703), die von Isaac Newton (1643–1727) vervollkommnet wurde, entwickelte John Hadley (1682–1744) den *Oktanten* (Abb. 2.67), später auch den *Sextanten* (Abb. 2.68).

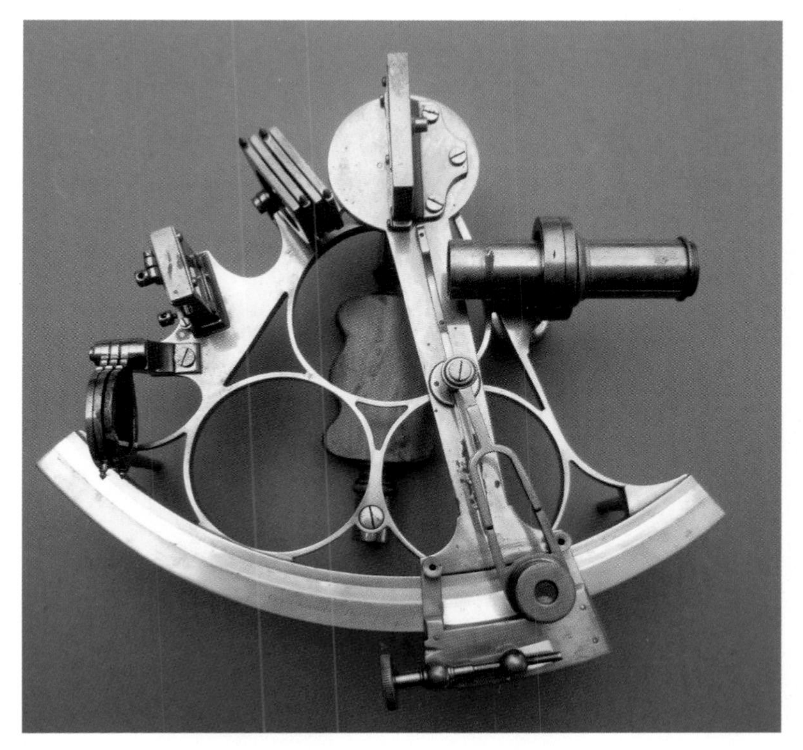

Abb. 2.68 Sextant von Cox & Coombes, Devonport & Plymouth

Mit dem Fernrohr oder einer Lochblende F wird der Horizont durch einen halbdurchlässigen Spiegel R anvisiert. Über einen drehbaren Arm A wird ein Spiegel S bewegt, mit dem man das Bild des Gestirns X auf den Horizont bringen kann. Abb. 2.69 zeigt punktiert den Strahlengang.

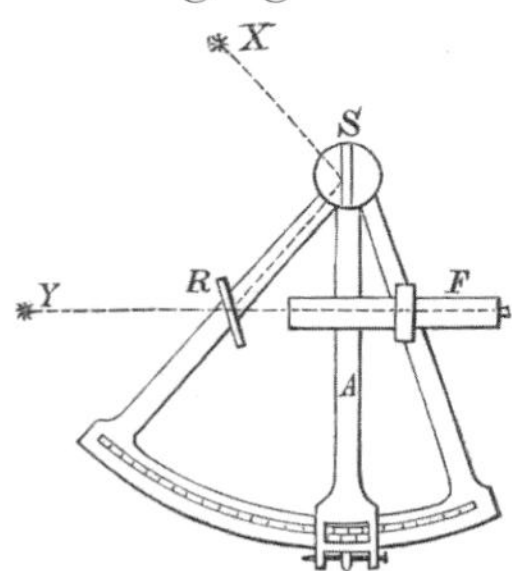

Fig. 2.69 Strahlengang durch den Sextanten nach Brockhaus 1895

Der Arm zeigt dann auf einer Skala (ein Sechstel des Vollkreises beim Sextanten, ein Achtel beim Oktanten) den Winkel an. (Der beobachtete Höhenwinkel ist allerdings doppelt so groß wie der von dem Arm überstrichene Winkel.) Das war die entscheidende *optische* Idee dieser Instrumente. Diese Instrumente eigneten sich hervorragend für Messungen zur See, weil sie auch bei „schwankendem Horizont" genaue Messungen ermöglichten.

Durch das *Global Positioning System* (GPS) haben die klassischen Methoden zur Positionsbestimmung in der Seefahrt ihre Bedeutung verloren. Die praktische Lösung dieser Probleme im 18. Jahrhundert bedeutete jedoch einen großen Fortschritt in der Seefahrt.

Sextanten wurden auch in der Landvermessung eingesetzt. So erinnert z. B. der Sextant auf dem 10-DM-Schein (Abb. 2.70) an die *geodätischen* Arbeiten von Carl Friedrich Gauß (1777–1855). Das Instrument erhielt später einen zusätzlichen Spiegel, sodass es als Signalinstrument dienen konnte. Gauß führte von 1821–1825 Gradmessungen im Königreich Hannover durch. Das dabei gewonnene Dreiecks-Netz ist ebenfalls auf dem Geldschein abgebildet. Von 1828–1844 war er dann mit der Landvermessung beauftragt.

Abb. 2.70 Ein zu einem Signalinstrument erweiterter Sextant (Vize-Heliotrop) und das Dreiecksnetz erinnern an Carl Friedrich Gauß

3 Instrumente zum Rechnen

Geometrische Größen haben wir gemessen, verglichen, addiert und vervielfacht, indem wir ihre *Maßzahlen* verwendet haben. Gewonnen haben wir diese durch Ablesen von *Skalen* entsprechender Messinstrumente. Das *Rechnen* mit Maßzahlen haben wir dabei bisher nicht näher behandelt, weil wir zunächst die Geometrie mit ihren Anwendungen im Auge hatten. Mit dem Rechnen dagegen befasst sich die *Arithmetik*. Auch sie hat eine theoretische und eine praktische Seite. Wie wir bei der Betrachtung der Größen gesehen haben, findet sich auch die theoretische Arithmetik bereits in den *Elementen* des Euklid. Sie ist dort eng mit den Größen verbunden. Ihre Wurzeln hat sie jedoch im Zählen und im praktischen Rechnen. Und schon im Altertum suchte man nach Hilfsmitteln zum Zählen und Rechnen. Man zählte und rechnete mit Hilfe von Strichen, von Steinen, von Knoten und anderen Objekten. Aber man erhielt auch Zahlen beim Zählen von Schritten, beim Abtragen von Stäben, also beim Messen. In der Neuzeit wurden dann Instrumente entwickelt, bei denen man *digital* mit Ziffern oder *analog* mit Längen rechnet.

In diesem Kapitel geht es um *Recheninstrumente*. Auch sie haben eine lange Geschichte, für die wir auf die Literatur verweisen: für die *Digitalrechner* auf: [Anthes und Prinz 2010, Beauclair 1968, Bischoff 1990, Korte 1981, Marguin 1994, Martin 1925, Petzold 1992, Reese 2002, Schillinger 2000]. für die *Analogrechner* auf [Cajori 1994, Hopp 1999, Jezierski 1997, Rudowki 2012].

3.1 Analogrechner

3.1.1 Maßskalen

Wir beginnen mit den Dezimalskalen, die wir bei den Längen, Flächen- und Rauminhalten betrachtet haben. Schauen wir uns noch einmal Skalen eines Lineals an (Abb. 3.1).

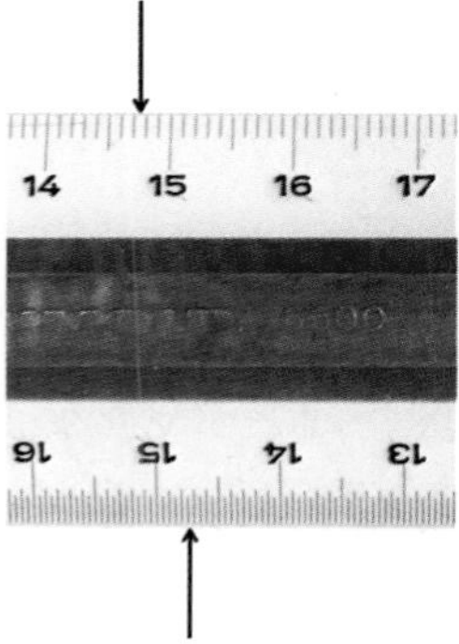

Abb. 3.1 Skalen an einem Lineal

Die obere Skala zeigt auf Millimeter genau an, die untere Skala auf halbe Millimeter genau. Liest man z. B. auf der oberen Skala 14,75 ab, so ist die 5 geschätzt. Auf der unteren Skala wäre dagegen die 5 in 14,75 genau.

Man findet auch heute noch Lineale, auf denen eine Skala Zentimeter und eine andere Zoll anzeigt. Bei den Schneider-Ellen hatten wir ja bereits Exemplare kennengelernt, die auf verschiedenen Seiten unterschiedliche Ellenmaße trugen. Ähnliches galt auch für Zollmaße (Abb. 3.2).

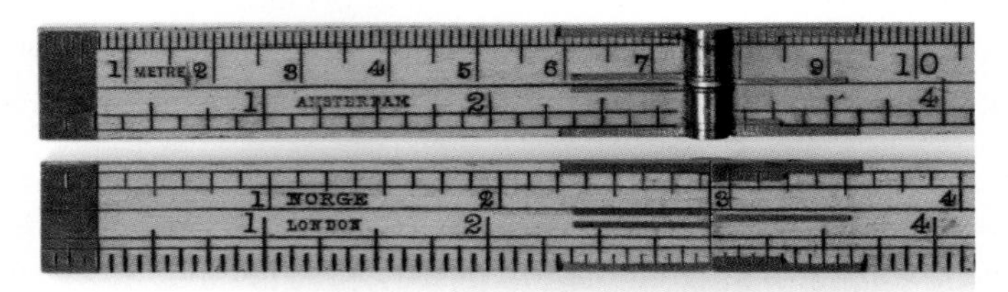

Abb. 3.2 Klappmaßstab mit verschiedenen Skalen: Zentimeter, Zoll: Amsterdam, Norwegen, London; C. D. Bennet & Co, 19. Jahrhundert

An Skalen kann man einfache *Rechnungen* rein mechanisch mit Hilfe eines Stechzirkels durchführen. Man macht sich das Prinzip am besten an einfachen Aufgaben klar. Wie „rechnet" man 3 + 2? Man nimmt die Strecke von 0 bis 2 an der Skala in den Stechzirkel, sticht bei 3 ein und trägt die 2 nach rechts ab. Dann landet man bei 5 (Abb. 3.3).

Zugleich erkennt man an Abb. 3.3, wie man 5 – 2 rechnet. Man nimmt 2 in den Stechzirkel, trägt die Länge von 5 aus nach links ab und landet bei 3.

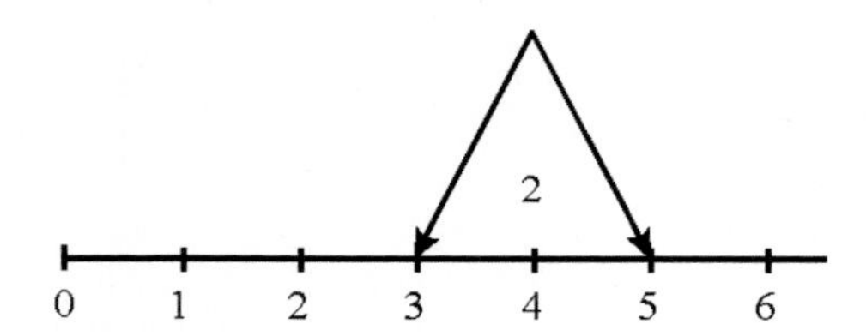

Abb. 3.3 Addieren: 3 + 2 = 5; Subtrahieren: 5 – 2 = 3

Will man 3 · 2 rechnen, so nimmt man 2 in den Stechzirkel, trägt diese Länge 3mal nach rechts ab und landet bei 6 (Abb. 3.4).

Will man umgekehrt 6 : 2 rechnen, dann nimmt man wieder 2 in den Zirkel, trägt diese Länge so oft wie möglich von 6 aus nach links ab und findet, dass dies 3mal möglich ist (Abb. 3.4).

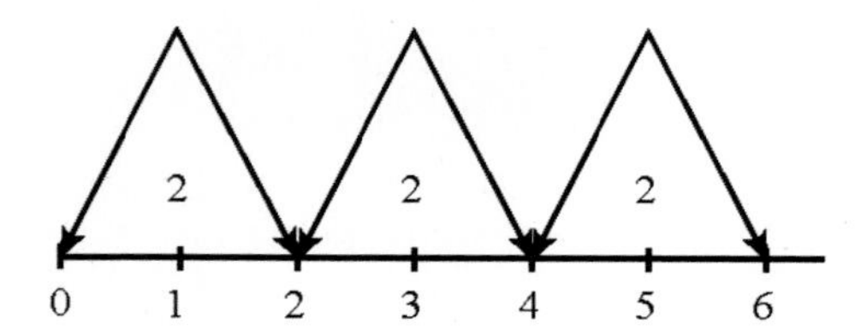

Abb. 3.4 Multiplizieren: 3 · 2 = 6; Dividieren: 6 : 2 = 3

Wie man sieht, ist das theoretisch einfach: Praktisch kann das bei beliebigen Zahlen, insbesondere bei großen und kleinen sowie bei Dezimalbrüchen, durchaus problematisch sein. Aber diese *mathematischen* Ideen wurden über Jahrhunderte im Prinzip praktiziert. Etwa seit dem 16. Jahrhundert wurden die Verfahren technisch weiterentwickelt.

3.1.2 Rechenstäbe

Im Jahr 1699 brachte der Ulmer Mathematiker Michael Scheffelt (1652–1720) ein Werk unter dem Titel *Pes mechanicus artificialis* heraus, in dem er über einen von ihm entwickelten *Rechenstab* berichtete.

Abb. 3.5 Titelbild aus: Michael Scheffelt, *Pes Mechanicus Artificialis*, Ulm 1718

Man sieht ihn auf dem Titelbild der Ausgabe von 1718 in der linken Hand der Person links (Abb. 3.5). Dazu gehört auch der Stechzirkel, den sie in die rechte Hand nehmen wird, um auf dem Stab Strecken abzugreifen.

Dieser Stab mit quadratischem Querschnitt aus Holz hat die Länge eines Ulmer Fußes (0,292 m) und damit etwa die Länge eines heutigen Lineals. Auf den Seitenflächen sind verschiedene Skalen angebracht, bei denen ich im Folgenden die – zum Teil missverständlichen – Bezeichnungen Scheffelts angebe.

Seite 1:
(1a) *Maß-Stab* (Zollskala) der Länge ½ Werkfuß zu 6 Werkzoll zu je 6 Werkgran.
(1b) *Chordenskala (Linea Chordarum)* der Länge 4 Maßzoll in 180° geteilt.
(2) *Decimal-Stab* (Zollskala) der Länge 1 Maßfuß geteilt in 10 Maßzoll zu je 10 Maßgran.

Seite 2:
(3) *Quadratskala* (*Linea Quadrata* oder *Linea Geometrica*) zur Bestimmung der Quadratwurzeln.
(4) *Zylinderskala* (*Linea Cylindrica*) zur Bestimmung des Durchmessers eines Kreises zu gegebenem Flächeninhalt.

Seite 3:
(5) *Kubikskala (Linea Cubica)* zur Bestimmung der Kubikwurzeln.
(6) *Arithmetik-Skala* (*Linea Arithmetica*), eine doppelte logarithmische Skala zum Multiplizieren und Dividieren.

Seite 4:
(7) *Sinusskala* (*Linea Sinuum*), in 90° geteilte logarithmische Sinusskala.
(8) *Tangensskala* (*Linea Tangentium*), in 45° geteilte logarithmische Tangensskala.

Um das Prinzip dieser Skalen klarzumachen, betrachten wir die Quadratskala etwas näher. Sie dient geometrisch dazu, für ein Quadrat mit einem gegebenen Flächeninhalt die zugehörige Seitenlänge zu bestimmen. Arithmetisch läuft das darauf hinaus, zu einer gegebenen Maßzahl x des Flächeninhalts die Maßzahl $y = \sqrt{x}$ der Seitenlänge zu bestimmen.

Bei den Skalen handelt es sich also um *Funktionsskalen*. Sie entstehen, wenn man zu den einzelnen Zahlen x die jeweiligen Funktionswerte y als Längen auf einem Zahlenstrahl abträgt und dort x notiert. Die Quadratskala (3) könnte entsprechend der gewählten Einheit so aussehen (Abb. 3.6):

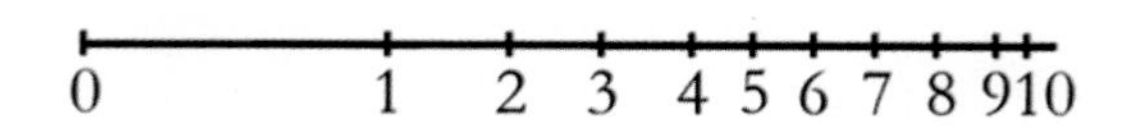

Abb. 3.6 „Quadratskala“

Greift man zu einer Zahl die zugehörige Länge auf der Quadratskala ab und misst sie mit dem Dezimal-Stab, so erhält man den Funktionswert, also hier die Quadratwurzel der gegebenen Zahl. Das ist die zugrunde liegende *mathematische* Idee. So liest man z. B. ab: $\sqrt{1} = 1$; $\sqrt{2} \approx 1,4$; $\sqrt{3} \approx 1,7$; $\sqrt{4} = 2$;...

Bei den Skalen (1a) und (2) handelt es sich um Skalen der Funktion $y = x$. Die Chordenskala (1b) ordnet jedem Winkelmaß die zugehörige Sehnenlänge am Einheitskreis zu. Die Zylinderskala (4) ordnet dem Flächeninhalt eines Kreises seinen Durchmesser zu. In der Kubikskala (5) wird die Funktion $y = \sqrt[3]{x}$ dargestellt. Von besonderer Bedeutung ist die von Scheffelt so bezeichnete „Arithmetikskala" (6). Bei ihr handelt es sich um eine Logarithmusskala, in der eine Funktion $y = \log(x)$ dargestellt ist. Darauf gehen wir später näher ein (Abb. 3.9). (Das ist die erste deutschsprachige Darstellung einer Logarithmusskala [Anthes 2011]).

Für trigonometrische Berechnungen ist es sinnvoll, Skalen mit den Logarithmen der trigonometrischen Funktionen zu verwenden, um sie direkt mit der logarithmischen Arithmetik-Skala (6) in Verbindung bringen zu können. In (7) sind die Logarithmen der Sinusfunktion dargestellt, in (8) die Logarithmen der Tangensfunktion.

Die Skalen selbst kann man sich mit Hilfe von *Funktionstabellen* erstellen. Für die Logarithmen benutzte Scheffelt z. B. die Tabellen von Adrian Vlacq (1600–1667). Damit macht man die Funktionen „sichtbar" (Skala) und „greifbar" (Stechzirkel). Das ist die zugrunde liegende *technische* Idee. Scheffelt dachte sich die Skalen auf Papier gezeichnet und dann auf den Stab aufgeklebt und in einem verschließbaren Behälter mit dem Stechzirkel, der Reißfeder und einem Bleistift untergebracht. Die Skalen lieferte er mit seinem Buch, in dem eine Anleitung zur Herstellung und eine Fülle von Anwendungsbeispielen gegeben werden.

3.1.3 Proportionalzirkel

Auf dem Titelbild des *Pes mechanicus artificialis* in Abb. 3.5 ist ein weiteres Instrument abgebildet, das die Frau rechts in der Hand hält. Dabei handelt es sich um einen *Proportionalzirkel*. Über dieses Instrument hatte Michael Scheffelt bereits 1697 das Buch *Instrumentum proportionum* geschrieben.

Der Proportionalzirkel ist durch Galileo Galilei (1564–1642) bekannt geworden und war bis Ende des 19. Jahrhunderts in Gebrauch. Galilei hatte 1606 eine Schrift mit dem Titel *Le operazioni del compasso geometrico, et militare* verfasst, in der er über dieses Instrument berichtete, ohne in Einzelheiten zu gehen. Daraus entwickelte sich ein Prioritätsstreit, der mich aber nicht weiter interessiert [Schneider 1970].

In Abb. 3.7 sehen wir ein typisches französisches Instrument aus dem 18. Jahrhundert. Es besteht aus zwei Linealen, die durch ein Gelenk miteinander verbunden sind. Auf beiden Linealen sind achsensymmetrisch gleiche Skalen aufgezeichnet, die vom Gelenk ausgehen. Vorder- und Rückseite sind ähnlich gestaltet. In den Skalen kann man zum Teil die Skalen des Rechenstabs wiedererkennen. Auf der hier gezeigten Seite z. B. die Chordenskala (*Les Cordes*).

Abb. 3.7 Proportionalzirkel aus Messing von Michael Butterfield aus Paris, 18. Jahrhundert

Wie man mit dem Proportionalzirkel arbeitet, zeigt eine Skizze von Bion (Abb. 3.8). Die Skala, an der hier *Parties egalles* steht, ist eine Linearskala. Sie wird lateinisch als *linea arithmetica* bezeichnet.

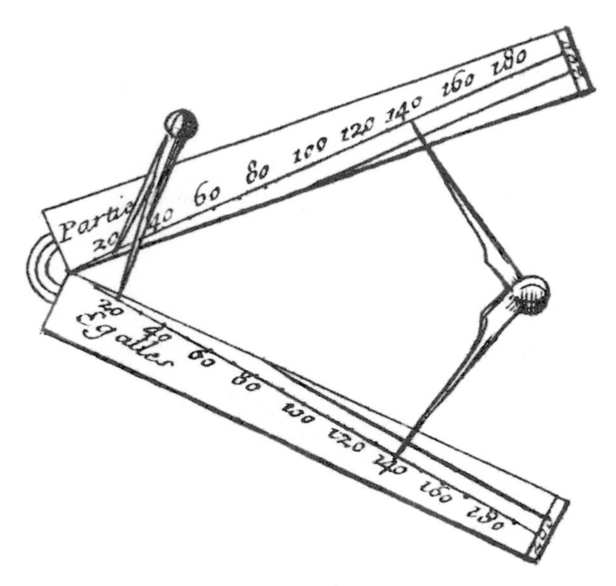

Abb. 3.8 Rechnen mit einem Proportionalzirkel, aus: Nicolas Bion, *Traité de la construction et des principaux usages des instrumens de mathématique*, Paris 1752, S. 62

Soll z. B. $19 \cdot 7$ gerechnet werden, so nimmt man zunächst auf der Skala 19 in den Stechzirkel und öffnet das Instrument so weit, dass der Abstand zwischen der frei gewählten 20 auf den beiden Seiten 19 beträgt. Nun nimmt man den Abstand zwischen dem 7fachen von 20, also zwischen den beiden Seiten bei der 140 in den Stechzirkel und liest an der Skala ab, dass der Wert 133 beträgt. (Dabei wird vorausgesetzt, dass man diese Werte so genau einstellen und ablesen kann, was die Skizze sicher nicht hergibt.)

Das Vorgehen beruht wieder auf ähnlichen Dreiecken. In unserem Beispiel gilt: Die Seiten auf den Skalen verhalten sich wie die Seiten zwischen den Skalen. Also:

$$140 : 20 = x : 19.$$

Daraus ergibt sich:

$$x = 19 \cdot 7.$$

Man sieht also, dass die Lösung darauf hinausläuft, aus einer Verhältnisgleichung mit einer Unbekannten diese Unbekannte zu ermitteln. Zusammen mit den Funktionsskalen ist das die diesen Instrumenten zugrunde liegende *mathematische* Idee.

Zum Addieren und Subtrahieren wird man also an einer der beiden Linearskalen arbeiten. Zum Multiplizieren und Dividieren arbeitet man auch quer zu den Skalen.

Die *technische* Idee ist die Realisierung mit den beiden um einen Punkt drehbaren Schenkeln.

Handwerkliche Herausforderungen stellen die Gelenke und vor allem die Gravierungen der Skalen dar. Etliche der in den Museen vorhandenen Instrumente lassen bei den Gravierungen zu wünschen übrig [Schneider 1970, S. 88]. Als Materialien wurden Messing, Elfenbein und Holz verwendet.

Außer den bereits bekannten Linien finden sich vielfach weitere. Die englischen Proportionalzirkel besitzen meist auch *logarithmische* Skalen. Diese führen uns auf die Rechenschieber.

3.1.4 Logarithmischer Rechenstab

Die Logarithmen wurden von Jost Bürgi (1552–1632) und John Napier (1550–1617) um die Wende vom 16. zum 17. Jahrhundert entdeckt. Von Edmund Gunter (1581–1626) stammte die Idee, eine logarithmische Skala anzufertigen und auf ihr mit Hilfe eines Stechzirkels Streckenlängen zu multiplizieren und zu dividieren. Um 1620 stellte er seine nach ihm benannte *Gunter's scale* der Öffentlichkeit vor.

In Abb. 3.9 ist eine einfache logarithmische Skala dargestellt. Ins Auge fallen die von links nach rechts immer kleiner werdenden Abschnitte zwischen den Zahlen sowie der Beginn mit 1 (anders als bei der Quadratskala aus Abb. 3.6).

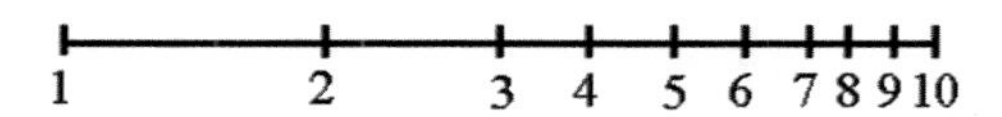

Abb. 3.9 Logarithmusskala

Nimmt man auf ihr z. B. nach dem Vorbild Scheffelts die Strecke von 1 bis 3 in den Stechzirkel und setzt sie bei 2 an, so endet sie bei 6 (Abb. 3.10).

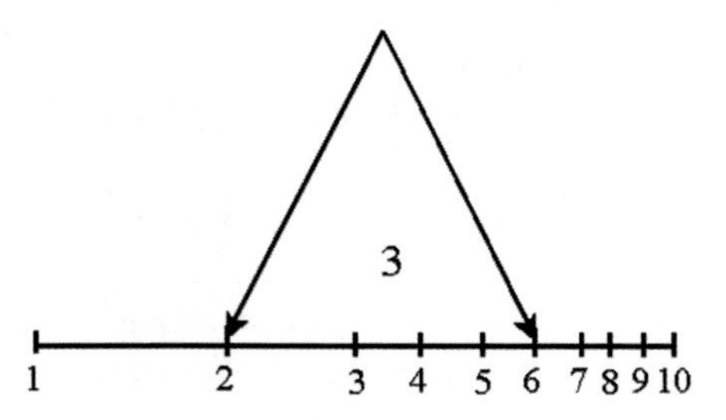

Abb. 3.10 Logarithmische Multiplikation: $2 \cdot 3 = 6$

Dem liegt die grundlegende Eigenschaft der Logarithmen zugrunde.

Der Logarithmus eines Produkts ist gleich der Summe der Logarithmen der Faktoren:

$$\log (a \cdot b) = \log (a) + \log (b).$$

Man kann also mit Hilfe einer logarithmischen Skala die Multiplikation auf eine Addition von Streckenlängen zurückführen.

Entsprechendes gilt für die Division.

Der Logarithmus eines Quotienten ist gleich der Differenz der Logarithmen von Dividend und Divisor:

$$\log (a : b) = \log (a) - \log (b).$$

Damit ist die grundlegende *mathematische* Idee der *Gunter's scale* gefunden. Man kann sein Instrument im Sinne Scheffelts als *Rechenstab* bezeichnen. Die *Gunter's scale* besitzt neben der Logarithmusskala weitere der bekannten Skalen, auf die ich hier nicht näher eingehen will.

Mit Hilfe zahlreicher technischer Ideen wurde daraus der *Rechenschieber*, dessen Entwicklung ihren Höhepunkt in der zweiten Hälfte des 20. Jahrhunderts erreicht hatte, um dann mit dem Erscheinen der elektronischen *Taschenrechner* abrupt abzubrechen [Anthes 2011, Cajori 1994, Hopp 1999, Jezierski 1997]. Heute sind die einstmals so weit verbreiteten Instrumente nur noch „technische Fossilien".

3.1.5 Der Rechenschieber

Dass aus dem Rechenstab ein *Rechenschieber* wurde, ist im Wesentlichen zwei grundlegenden *technischen* Erfindungen zu verdanken.

Von William Oughtred (1574–1660) stammte die *technische* Idee, zwei Stäbe mit logarithmischen Skalen nebeneinander zu legen und zum Rechnen passend zu verschieben. Damit war der *Rechenschieber* geboren! In Abb. 3.11 machen wir uns das Prinzip wieder an dem Beispiel $2 \cdot 3 = 6$ klar.

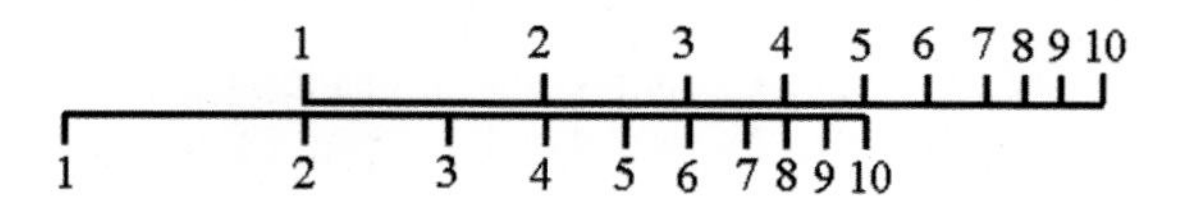

Abb. 3.11 Rechenschieberprinzip: $2 \cdot 3 = 6$

Man erkennt die Vorschrift zur Multiplikation:

Schiebe die 1 der oberen Skala über den ersten Faktor auf der unteren Skala und lies unter dem 2. Faktor auf der oberen Skala das Ergebnis auf der unteren Skala ab.

Eine Komplikation kann eintreten, wenn unter dem 2. Faktor keine Zahl mehr steht, z. B. in Abb. 3.11 unter der 6. Hier hilft eine wunderbare Eigenschaft der Logarithmen weiter: Nach der 10 ginge es weiter mit 20, 30, …, 100. Das sind aber die gleichen Ziffernfolgen wie zwischen 1 und 10. Also braucht man z. B. bei Multiplikation mit 6 nur die 10 der oberen Skala über den ersten Faktor zu stellen (Abb. 3.12).

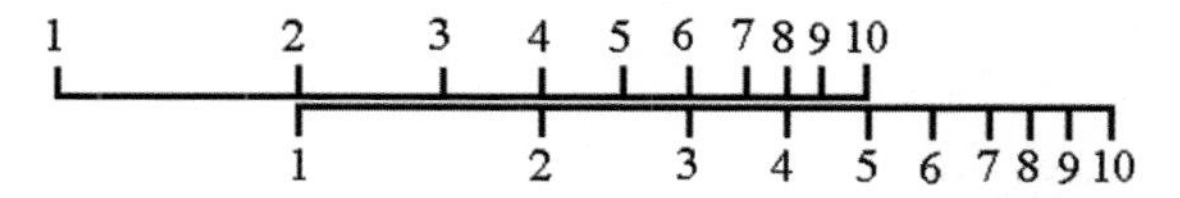

Abb. 3.12 „Durchschieben" 5 · 6 = 30

Das hat freilich zur Konsequenz, dass man auf dem Rechenschieber nur mit *Ziffernfolgen* rechnet und den Zahlenwert erst durch einen Überschlag erhält. In unserem Beispiel erhalten wir zunächst die Ziffernfolge „3-0" und dann natürlich die Zahl 30.

Ein weiterer Schritt war der Einbau eines beweglichen Stabes mit logarithmischer Skala in einen anderen Stab mit verschiedenen Skalen. Das konnte z. B. ein Instrument nach Art eines Proportionalzirkels sein (Abb. 3.13).

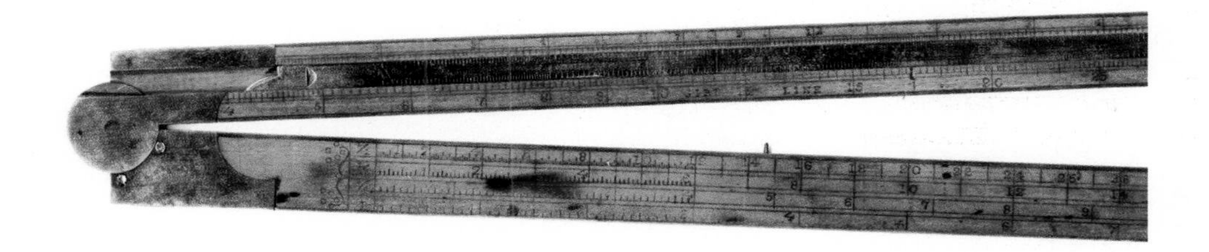

Abb. 3.13 Rechenschieber nach Art eines Proportionalzirkels

Hier gleitet eine logarithmische Messingskala innerhalb eines Holzschenkels an einer logarithmischen Skala entlang. Dieses Prinzip geht auf Henry Coggeshall (1623–1690) zurück, der ein derartiges Instrument 1677 für den Holzhandel entwickelte [Hopp 1999]. Das führte zu einem Instrument, bei dem ein Stab mit logarithmischer Skala, der *Schieber* (*Zunge*), im *Stabkörper* an einer logarithmischen Skala entlanggleiten konnte.

Unter dem Einfluss und der Konkurrenz der Rechenstäbe und der Proportionalzirkel bestand von Anfang an die Tendenz, möglichst viele Skalen auf den Rechenschiebern unterzubringen. Dieses Bestreben lässt sich während der ganzen Entwicklung der Rechenschieber beobachten. Sie begann in England und setzte sich weltweit fort. Die Entwicklung war von vielen weiteren *technischen* Ideen bestimmt. Es ist hier unmöglich, sie im Einzelnen nachzuzeichnen.

Doch sollte noch auf eine spätere *technische* Idee hingewiesen werden, die sich allgemein durchsetzte. Auf den Mathematiker Amédée Mannheim (1831–1906) in Paris geht letztendlich der *Läufer* zurück. Damit war es möglich, bestimmte Positionen auf den Skalen innerhalb eines Rechengangs zu fixieren und Zahlen von einer Skala auf eine nicht neben ihr liegende Skala zu übertragen.

Der Läufer wurde im Lauf der weiteren Entwicklung der Rechenschieber immer wieder zum Ziel von Überlegungen zu seiner Verbesserung. Zahlreiche unterschiedliche Varianten dieses wichtigen Einzelteils sind Zeugnis für den *technischen* Ideenreichtum von Erfindern [Jezierski 1997].

Auffällig ist, dass trotz früher Impulse der Rechenschieber erst gegen Ende des 19. Jahrhunderts in Deutschland in größerem Umfang verbreitet und mit der Industrialisierung weiterentwickelt wurde [Anthes 2011]. Diese Entwicklung bezog sich vor allem auf die verwendeten Materialien und die Fertigungstechnik. Stand am Anfang der Entwicklung Holz, kamen bald Elemente aus Metall und Kunststoff hinzu; so mündete die Produktion schließlich in Instrumente aus Kunststoff. Diese Entwicklung förderte auch neue Techniken in der Produktion, sodass sich eine fruchtbare Wechselwirkung zwischen den Anforderungen an die Instrumente und den Möglichkeiten ihrer Produktion ergab [Jezierski 1997].

3.1.6 Systeme

Bestimmte Skalenkombinationen führten zu bekannten *Systemen*. Hinter ihnen stecken *mathematische* Ideen, mit denen auf Erfordernisse der Praxis reagiert wurde. Dass diese Bedürfnisse gut getroffen wurden, zeigt die weite Verbreitung der Instrumente zweier Systeme.

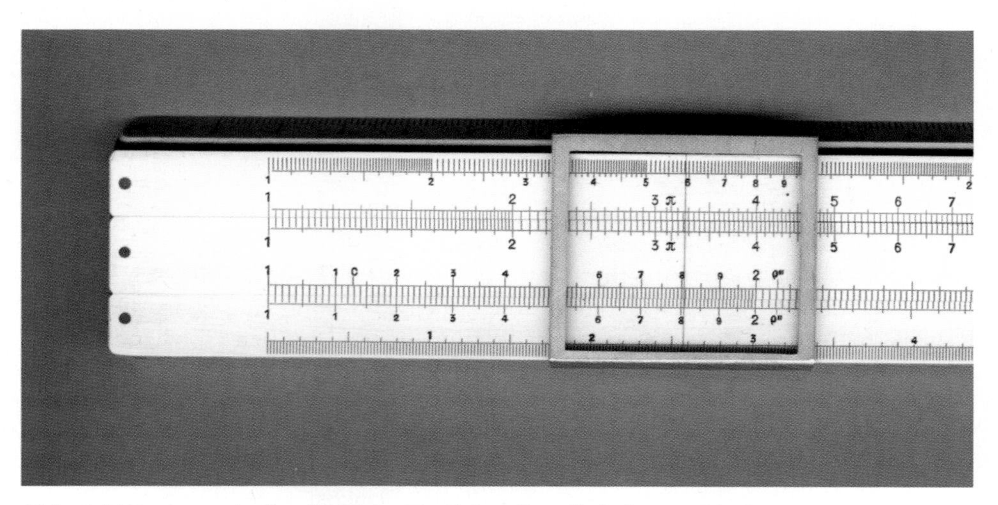

Abb. 3.14 Rechenstab *Castell 394* der Fa. Faber-Castell, Stein, aus Birnbaum, Skalenlänge 25 cm, *System Rietz*

Das *System Rietz* geht auf den Ingenieur Max Rietz (1872–1956) zu Beginn des 20. Jahrhunderts zurück. Er sah die folgenden Skalen vor: *Linearskala* (*Mantissenskala*), *Quadratskala, Kubikskala, Logarithmusskala, Sinusskala* und *Tangensskala.* Für die beiden trigonometrischen Skalen musste der Schieber umgedreht werden. Abb. 3.14 zeigt einen frühen Rechenschieber der Fa. Faber-Castell, Stein bei Nürnberg, nach dem System Rietz.

Ein weiteres einflussreiches System wurde 1934 von dem Mathematiker Alwin Walther (1898–1967) an der Technischen Hochschule Darmstadt entwickelt und erhielt die Bezeichnung *System Darmstadt.* Er verlegte die Mantissenskala auf die obere und die trigonometrischen Skalen auf die untere Seitenkante. In der Mitte des Schiebers war die *Reziprokenskala,* und unten am Stabkörper sah er eine pythagoreische Skala vor. Auf der Rückseite des Schiebers befanden sich drei *Exponentialskalen.* Einen Eindruck vermittelt Abb. 3.15.

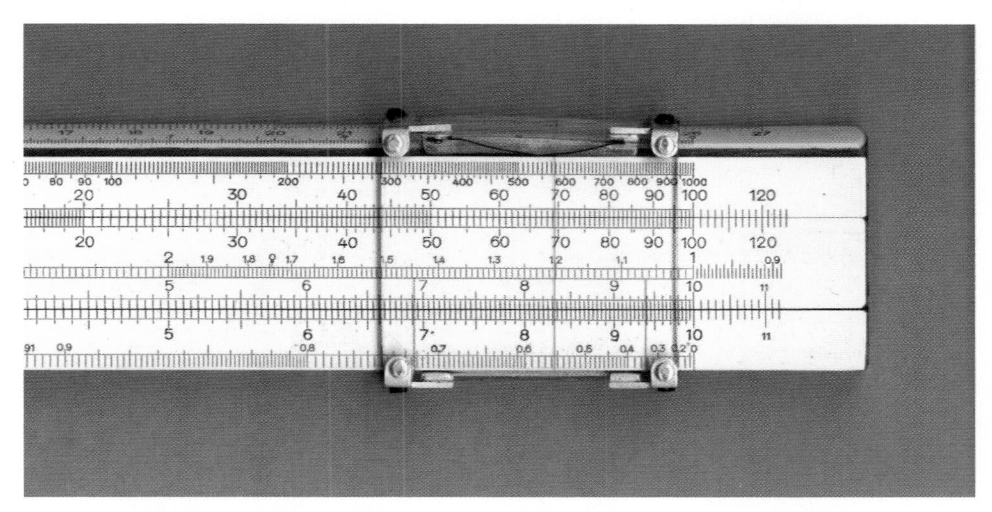

Abb. 3.15 Rechenstab *Faber-Castell 1/54* der Fa. Faber-Castell, Stein, aus Birnbaum, Skalenlänge 25 cm, *System Darmstadt*

Mit der *Reziprokenskala* ließ sich das Durchschieben bei nicht ausreichender Skala vermeiden. Schob man z. B. bei der Aufgabe 5 · 6 die 6 auf der auf dem Schieber befindlichen Reziprokenskala über die 5, so stand die 10 der Reziprokenskala über der 3 [z. B. Stender, Schuchardt 1967[9]].

Üppig ausgestattet waren schließlich die beidseitigen Rechenschieber unter der Bezeichnung *Duplex* aus Kunststoff, die seit Beginn der 1950er Jahre gefertigt wurden (Abb. 3.16). Ob es freilich jemanden gab, der alle Skalen auch tatsächlich verwendete, erscheint eher zweifelhaft.

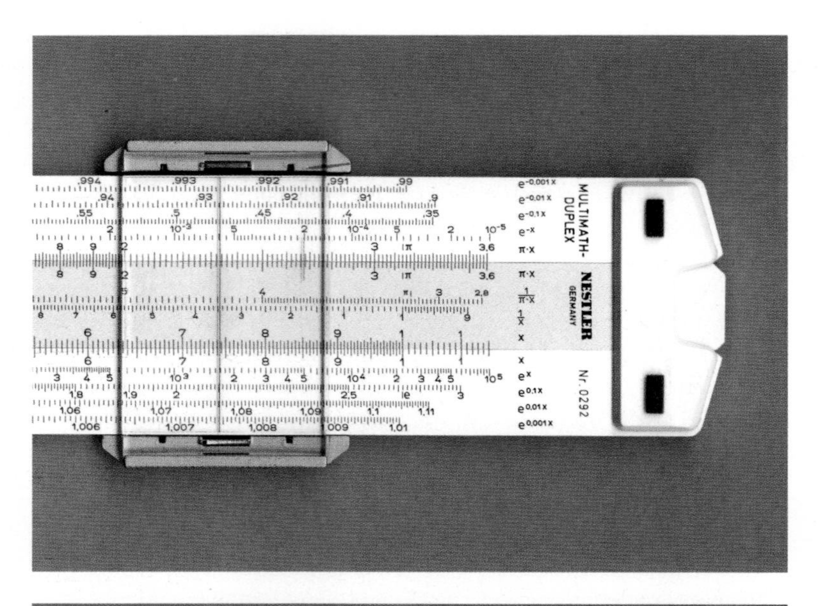

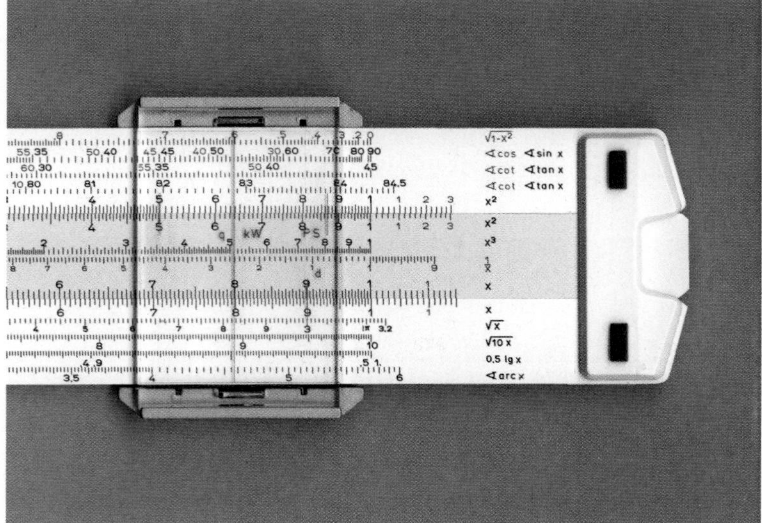

Abb. 3.16 *Nestler Multimath-Duplex 0292* der Fa. Albert Nestler, Lahr, Kunststoff, Skalenlänge 25 cm, 2. Hälfte des 20. Jahrhunderts, oben: Vorderseite, unten: Rückseite

3.1.7 Rechenwalzen

Mit der meist üblichen Skalenlänge von 25 cm war mit den Rechenschiebern eine *Genauigkeit* von etwa 3 Ziffern möglich. Das reichte bei Ingenieuren und Technikern in der Regel aus. Um die Genauigkeit auf 4 Stellen zu erhöhen, hätte man eine 2,50 m lange Skala benötigt. Mit einem Rechenstab dieser Länge hätte man in der Praxis nicht mehr vernünftig umgehen können.

Wesentlich längere Skalen konnte man dagegen auf Zylindern „aufwickeln“. Das mag naheliegend erscheinen, ich sehe darin aber eine geniale, wirkungsvolle und relativ einfach zu realisierende *technische* Idee. So entstanden *Rechenwalzen*, bei denen mit mehr Stellen als bei den Rechenstäben gerechnet werden konnte. Englische Rechenwalzen mit einer Skalenlänge von 50 Zoll (etwa 1,27 m) (Abb. 3.17) bzw. 500 Zoll (etwa 12,70 m) (Abb. 3.18) wurden berühmt.

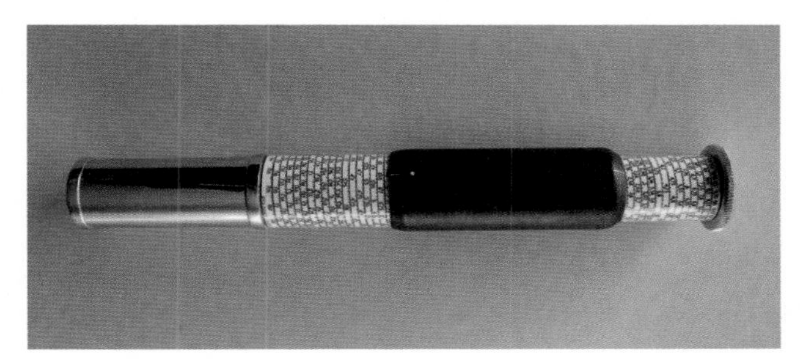

Abb. 3.17 *Otis King, Modell L;* Skala mit einer Länge von etwa 150 cm „aufgewickelt“; Hersteller: Carbic, London

Abb. 3.18 *Fuller's Calculator*; Rechenwalze; Hersteller: W. F. Stanley, London; Skalenlänge: etwa 12,70 m; 1. Hälfte des 20. Jahrhunderts

3.1.8 Rechenscheiben

Die Notwendigkeit des Umschiebens, die man mit der Reziprokenskala vermeiden konnte, ließ sich allerdings auch mit einer *logarithmischen Kreisskala* beheben, bei der es nach der 9 einfach wieder mit der 1 weitergeht (Abb. 3.19). Darin sehe ich eine überraschend einfache und wirkungsvolle *mathematische* Idee.

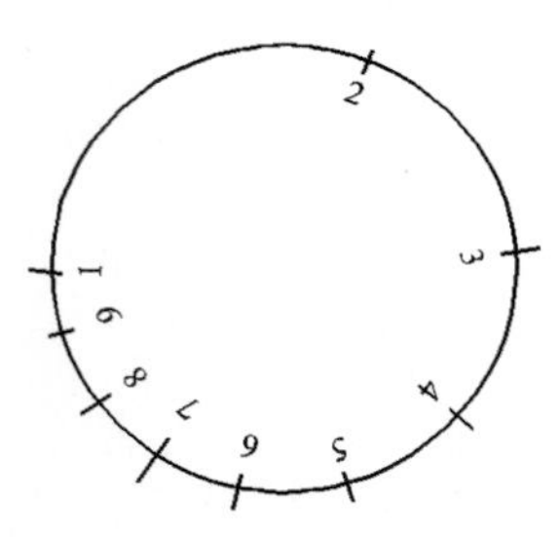

Abb. 3.19 Logarithmische Kreisskala

Die Realisierung gelang durch eine Reihe unterschiedlicher *technischer* Ideen in den *Rechenscheiben*, die vor allem im kaufmännischen Bereich Verbreitung fanden (Abb. 3.20).

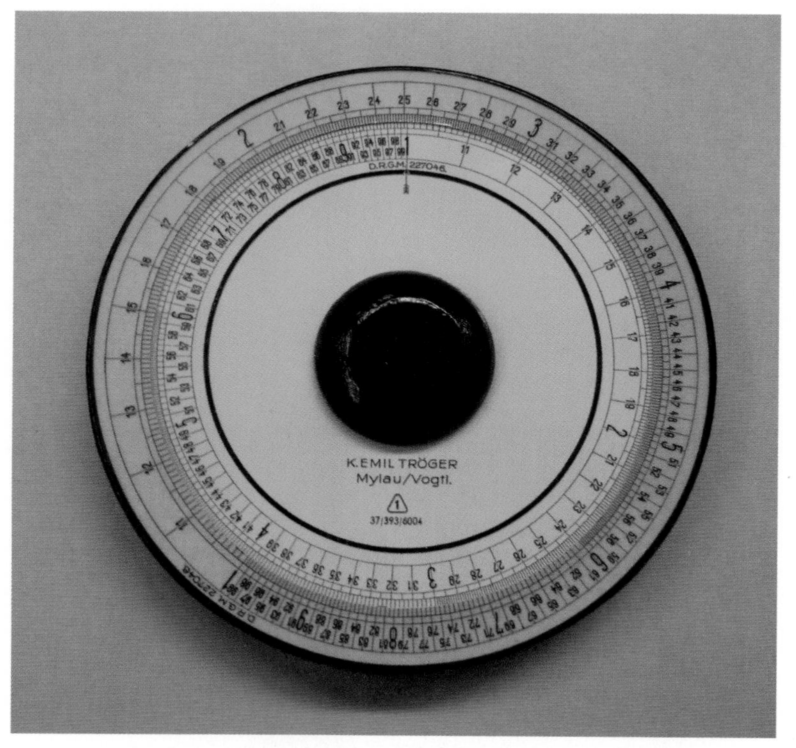

Abb. 3.20 Rechenscheibe der Fa. Emil Tröger, Mylau, Vogtland; 1. Hälfte des 20. Jahrhunderts, Hartpappe

Das Instrument besteht aus zwei ineinander liegenden Kreisscheiben. Die innere Kreisscheibe wird über einen unter dem Instrument liegenden Griff festgehalten. Von der äußeren Scheibe ist nur ein Kreisring sichtbar, der um die innere Scheibe gedreht werden kann. In der Mitte des Instruments ist ein drehbarer Zeiger angebracht. Eine logarithmische Kreisskala auf dem Ring streicht an der logarithmischen Kreisskala der inneren Scheibe entlang. Zur Berechnung von $2 \cdot 3$ dreht man die 1 des äußeren Rings über die 2 der inneren Scheibe und geht dann mit dem Zeiger zur 3 auf dem äußeren Ring. Unter ihr steht jetzt die 6 auf der inneren Scheibe.

Im Inneren befindet sich dann noch eine *reziproke logarithmische Kreisskala.* Man findet gelegentlich noch heute derartige Rechenscheiben zur Berechnung des Benzinverbrauchs.

Auch bei Rechenscheiben konnten logarithmische Skalen „aufgewickelt" oder in mehrere Teilskalen „zerlegt" werden, wodurch man eine Steigerung der Genauigkeit erreichte (Abb. 3.21). Diese Instrumente fanden vor allem in der Textilindustrie in England Verwendung.

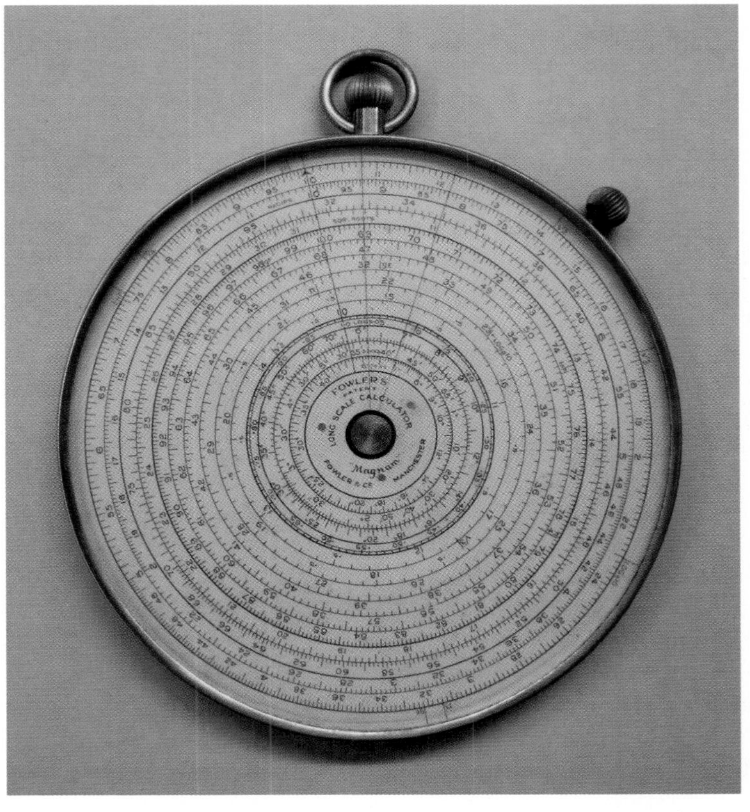

Abb. 3.21 *Fowler's Magnum*, Long Scale Calculator; Hersteller: Fowler, Manchester (England); 1. Hälfte des 20. Jahrhunderts; Durchmesser: 12 cm; Skalenlänge der „Langskala": etwa 127 cm

3.2 Handgefertigte Digitalrechner

3.2.1 Probleme des Rechnens

Praktisch in allen Kulturen lassen sich seit Urzeiten Spuren des Zählens und Rechnens beobachten [Ifrah 1987[2]]. Seit jeher sind Zählen und Rechnen mit unterschiedlichsten Hilfsmitteln verbunden. Im Laufe der Zeit stiegen mit den wirtschaftlichen, technischen und wissenschaftlichen Entwicklungen die Anforderungen an das Zählen und Rechnen. Historisch bestand das große Problem des Rechnens in Europa darin, dass Jahrhunderte lang die meisten Menschen überhaupt nicht rechnen konnten. Viele Menschen mussten sich Rechnungen von Fachleuten ausführen lassen. Es ist das besondere Verdienst von *Rechenmeistern* wie Adam Ries (1492–1559), dass sie Wege fanden, den Menschen einen eigenen Zugang zum Rechnen zu eröffnen [Deschauer 2012, Prinz 2009]. Dazu dienten: *Unterricht* in Rechenschulen, *Rechenbücher* als Lehrbücher und *Hilfsmittel* zum Rechnen.

Entscheidende Impulse kamen dabei aus der Mathematik mit der Entwicklung des *Ziffernsystems*. Mit der Darstellung der Zahlen im *Dezimalsystem* wurde schriftliches Rechnen möglich. Das *Ziffernrechnen* trat zunächst in Konkurrenz zum *Rechnen auf Linien*, bei dem mit „Rechenpfennigen" gerechnet wurde.

Beim schriftlichen Rechnen wird mit den Ziffern als Symbolen gearbeitet. Dieses Rechnen folgt strengen Regeln, die zu lernen sind. Kompliziert wird es durch die Sonderfälle, die schon bei natürlichen Zahlen zu beachten sind: das Rechnen mit der Null oder notwendige Zehnerüberträge. Anspruchsvoller noch ist das Rechnen mit Bruchzahlen mit den zusätzlichen Regeln und das Rechnen mit Zahlen in gemischter Darstellung. Bekanntlich scheitern auch heute noch zahlreiche Schüler daran. Und benutzt nicht auch heute noch manch ein Schüler beim Rechnen heimlich unter dem Tisch seine Finger beim Rechnen?

Beim Rechnen auf Linien wird mit Rechenpfennigen als konkreten Objekten hantiert. Auch hier gibt es natürlich Regeln, die zu lernen sind. Doch es sind relativ einfache Regeln, so wie die Regeln bei einfachen Brettspielen, die die meisten Menschen lernen können.

Der Rechenmeister Johann Albrecht (1488–1558) schrieb für den „einfeltigen gemeinen man odder leien vnd jungen anhebenden liebhabern der Arithmetice" 1534 ein *Rechenbüchlein auff der linien.* Auch Adam Ries beschränkte sich zunächst darauf, behandelte dann aber beide Methoden in seinem Buch: *Rechenbuch auff Linien vnd Ziphren* aus dem Jahr 1574.

Dass die beiden Methoden miteinander konkurrierten, kommt gut in einem Bild aus dem Buch von Gregor Reisch (um 1470–1525) zum Ausdruck (Abb. 3.22). Dort soll „Arithmetica" in einem Wettstreit zwischen dem „Rechnen mit der Feder" und dem „Rechnen auf den Linien" entscheiden. Schon an den Gesichtern ist zu erkennen, wem die Sympathie des Verfassers gehört.

Der Rechner rechts auf dem Bild arbeitet mit Rechenpfennigen, die er auf die Linien oder zwischen die Linien legt, die auf dem Rechentisch gezogen sind. Die Münzen auf der untersten Linie zählen als Einer, die Münzen auf der nächsten als Zehner usw. Münzen in den Zwischenräumen zählen die Hälfte der Münzen auf der nächsten Linie.

Abb. 3.22 Die Arithmetica als Schiedsrichterin, aus: Gregor Reisch, *Margarita philosophica*, Basel 1508, Titelbild von Liber IIII

Der Rechner hat aus seiner Sicht links die Zahl 1241 gelegt; rechts liegt die Zahl 82. Zum Addieren schiebt der Rechner die Rechenpfennige in eine Spalte. Ihm bietet sich dann nacheinander folgendes Bild:

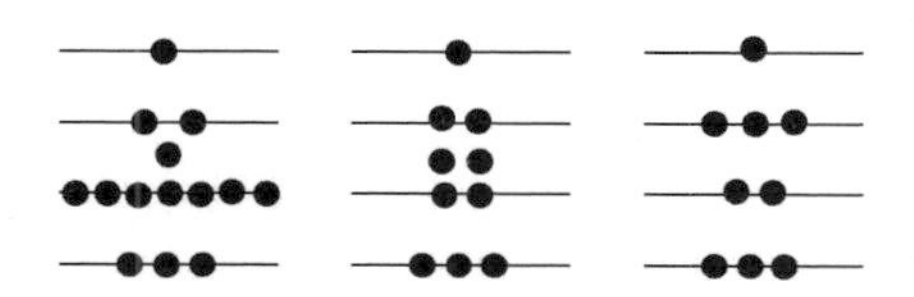

Zunächst ergeben sich also 3 Einer, 7 Zehner, 1 Fünfziger, 2 Hunderter und 1 Tausender. Nun wechselt er 5 Zehner gegen einen Fünfziger. Die 2 Fünfziger kann er dann gegen 1 Hunderter wechseln. Damit hat er schließlich erhalten: 3 Einer, 2 Zehner, 3 Hunderter und 1 Tausender, also: 1323.

3.2.2 Rechenbretter

Das Rechnen auf Linien gehört zur Tradition des Zählens und Rechnens mit konkreten Objekten, das in unterschiedlichen Ausprägungen seit Urzeiten weltweit verbreitet war [Ifrah 1987²]. Zu Instrumenten wurden *Rechenbretter*, bei denen Kugeln hin und her geschoben werden konnten, die auf Stangen aufgereiht waren. In China lassen sich derartige Rechenbretter bereits um 1000 v. Chr. nachweisen. Von den Römern stammt die Bezeichnung *Abakus*. Rechenbretter sind noch heute in Ostasien und Russland in Gebrauch. Im Folgenden werden drei Typen vorgestellt.

Aus China stammt der *Suanpan* (Abb. 3.23). Kugeln sind hier auf 13 Stangen aufgereiht, je eine pro Stelle der darzustellenden Zahlen. Auffällig ist die Teilung durch einen Steg in zwei Felder: Im unteren Feld sind jeweils 5 Kugeln und auf dem oberen Feld jeweils 2 Kugeln aufgereiht. Die Kugeln in der Reihe der 5 Kugeln haben jeweils den Zahlenwert 1, die anderen Kugeln den Zahlenwert 5. Durch Verschieben zum Steg hin werden die Kugeln beim Zählen und Rechnen aktiviert. Auf dem Suanpan in Abb. 3.23 ist z. B. die Zahl 4753 eingestellt. Hat man das Rechnen auf Linien verstanden, dann ist klar, wie sich Zahlen im Dezimalsystem auf dem Rechenbrett darstellen lassen.

Abb. 3.23 *Suanpan*: Chinesisches Rechenbrett

Mit dem Instrument kann einfach weitgehend mechanisch addiert und subtrahiert werden. Multiplikationen und Divisionen erfordern zusätzliche gedankliche Arbeit.

Der japanische *Soroban* ist ähnlich gebaut: In dem einen Feld befinden sich wieder je 5 Kugeln, in dem anderen allerdings nur jeweils 1 Kugel auf den einzelnen Stangen (Abb. 3.24). Die Handhabung ist jedoch ähnlich wie beim Suanpan.

Abb. 3.24 *Soroban*: Japanisches Rechenbrett

Beim russischen *Stschoty* in Abb. 3.25 sind die 10 Stangen nicht unterteilt. Auf der dritten Stange von unten befinden sich nur 4 Kugeln, auf den übrigen je 10. Die beiden mittleren Holzkugeln sind jeweils dunkler gebeizt. Die 4 Kugeln stehen für Viertel, gleichzeitig trennen sie als eine Art „Komma" bei Geldrechnungen Rubel und Kopeken.

Abb. 3.25 *Stschoty*: Russisches Rechenbrett

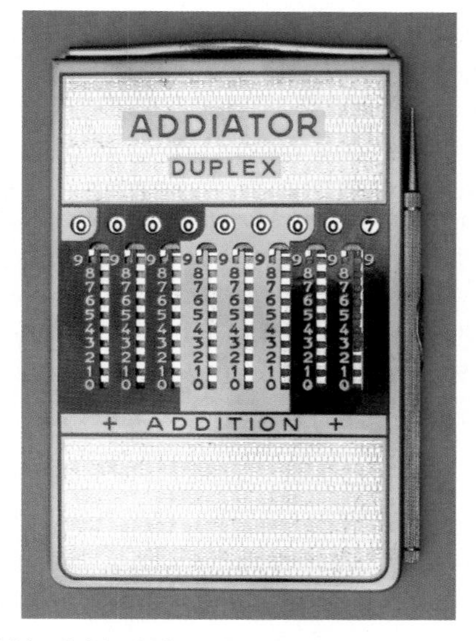

Abb. 3.26 *Addiator Duplex* der Fa. C. Kübler, Berlin, aus den 1950er Jahren

3.2.3 Zahlenschieber

Nach der Einführung der Schulpflicht im 18. Jahrhundert mit dem Rechenunterricht wurde in Deutschland allgemein ein beachtliches Niveau im mündlichen und schriftlichen Rechnen erreicht. Daneben gab es für den Alltagsgebrauch seit Ende des 19. Jahrhunderts eine wachsende Zahl einfacher mechanischer Rechenhilfen zum Addieren und Subtrahieren, die man in der Tradition der Rechenbretter sehen kann. Als Beispiel sei der seit den 1920er Jahren gebaute *Addiator* der Fa. Carl Kübler, Berlin, genannt (Abb. 3.26), den man auf Grund seiner Maße als mechanischen „Taschenrechner" bezeichnen kann.

Das Gerät besteht im *Einstellwerk* aus einem Satz senkrecht angeordneter Zahnstangen. Bis auf die erste Stange (von rechts) haben alle übrigen Stangen Zähne auf beiden Seiten. Die linken Zähne sind in Schlitzen sichtbar und geben Löcher zwischen den Zähnen frei, sodass man die Stangen mit Hilfe eines Griffels verschieben kann. Neben den Lochstangen sind die Ziffern von 0 bis 9 angeordnet. Durch Fenster im *Ergebniswerk* oberhalb der Stangen werden die auf den Stangen verdeckt angebrachten Zahlenwerte der jeweiligen Verschiebung angezeigt. Dieser Maschinentyp wird deshalb als *Zahlenschieber* bezeichnet, womit zugleich die entscheidende *technische* Idee genannt ist.

Will man z. B. 7 + 4 berechnen, so sticht man mit dem Griffel bei 7 ein und zieht die Stange nach unten bis an den Anschlag. Im Resultatfenster zeigt sich die 7. Die Addition von 4 lässt sich jedoch nicht dadurch erreichen, dass man die Stange einfach um 4 weiter nach unten zieht, da nach drei Löchern eine Sperrung eintritt. Es ist nämlich ein Zehnerübertrag erforderlich. Man kann die Aufgabe aber so lösen, dass man das Komplement von 4 subtrahiert und 10 addiert:

$$7 + 4 = 7 - (10 - 4) + 10.$$

Dazu braucht man nur den Stab von 4 aus um 6 zurückzuschieben und dann die nächste Stange um 1 hinunterzuschieben. Das ist die *mathematische* Idee.

Die *technische* Lösung schematisiert den Vorgang. Dazu sind jeweils 10 Löcher zwischen silberfarbigen und darüber 10 Löcher zwischen roten Zähnen vorhanden. Bei Löchern im silberfarbigen Bereich ist die Stange nach unten zu ziehen, im roten Bereich ist sie nach oben zu ziehen. Dort ist der Griffel weiter in einem Bogen nach links zu führen, sodass sie dort die nächste Stange an einem rechten Zahn nach unten bewegt. Durch Ziehen eines Bügels kann man das Ergebniswerk auf lauter Nullen stellen. Für die Subtraktion gibt es ein eigenes Werk auf der Rückseite.

3.2.4 Napier-Stäbe und Rechenwalzen

Auch für die Multiplikation wurden Hilfsmittel entwickelt. Eine größere Bedeutung erreichten die von John Napier (1550–1617) im Jahr 1617 erfundenen Rechenstäbe. Bei den *Napier-Stäben* handelt es sich um einen Satz von Holzstäben, die in erster Linie eine Hilfe beim Multiplizieren mehrstelliger Zahlen darstellen (Abb. 3.27).

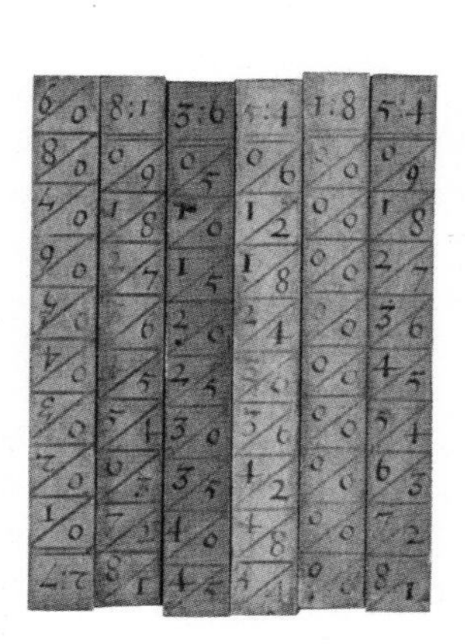

Abb. 3.27 *Napier-Stäbe,* Foto: Arithmeum, Rheinische Friedrich-Wilhelms-Universität, Bonn

Beispiel: 273 · 6
Man legt von rechts nach links die Stäbe mit den Einmaleins-Reihen der 3, der 7 und der 2.

2	7	3	
			1. Zeile
/4	1/4	/6	2. Zeile
/6	2/1	/9	3. Zeile
/8	2/8	1/2	4. Zeile
1/0	3/5	1/5	5. Zeile
1/2	4/2	1/8	6. Zeile
1/4	4/9	2/1	7. Zeile
1/6	5/6	2/4	8. Zeile
1/8	6/3	2/7	9. Zeile

Für die Multiplikation mit 6 geht man in die 6. Zeile. Man kann nun von rechts nach links das Ergebnis ablesen.

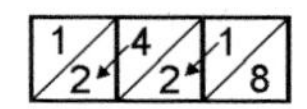

Zuerst notiert man die 8; zur 2 addiert man die rechts darüber stehende 1 und notiert die 3; so fährt man fort. Das ergibt

1 6 3 8.

Man liest also ab:

$$273 \cdot 6 = 1638.$$

Wie man sieht, ist der Vorgang an die uns vertraute schriftliche Multiplikation angelehnt. Und das ist letztlich auch die *mathematische* Idee dieses Werkzeugs. Handelt es sich um eine *Maschine*?

Man gibt eine Zahl ein, die zu multiplizieren ist, und geht zu einer Zahl, mit der zu multiplizieren ist. Dort findet man im Grunde das Ergebnis vor, bei dem man für die Ausgabe lediglich das kleine Einspluseins benötigt. Man muss jedoch nicht multiplizieren können. Zwischen Eingabe und Ausgabe bewerkstelligen die Napier-Stäbe etwas, also kann man sie in diesem Sinn als Maschine betrachten, doch erscheint eher die Bezeichnung *Rechengerät* angemessen.

Einer Maschine schon äußerlich ähnlicher war das von dem Würzburger Mathematiker Kaspar Schott (1608–1666) entwickelte *Rechenkästchen* (Abb. 3.28). Er selbst sprach von der *Cistula* (lat. Kästchen). Seine *technische* Idee bestand darin, die Tabellen der Napier-Stäbe auf drehbaren Walzen anzubringen. Jede *Rechenwalze* enthält also 10 Einmaleins-Reihen. Durch Drehen konnte man für jede Stelle die entsprechende Walze auf die benötigte Einmaleins-Reihe einstellen. Im Deckel hatte er eine Einsundeins-Tafel angebracht. Das Kästchen wurde auch tatsächlich gebaut und findet sich in Museen (z. B. Arithmeum Bonn, Astronomisch-Physikalisches Kabinett Kassel, Science Museum London).

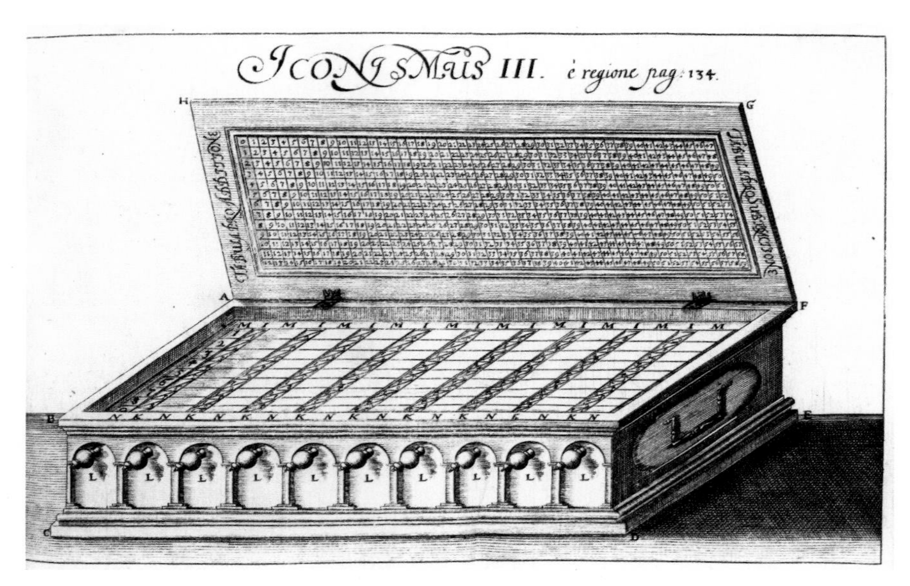

Abb. 3.28 *Cistula*, aus: Kaspar Schott, *Organum mathematicum*, Würzburg 1668, Iconismus III

Abb. 3.29 Nach Schotts Vorlage von stud. math. Erik Sinne, Würzburg, 1992 gebaute *Cistula,* Foto: I. Götz-Kenner, Universitätsbibliothek Würzburg

Im Allgemeinen ist es üblich, erst dann von einer *Rechenmaschine* zu sprechen, wenn der Zehnerübertrag automatisch vollzogen wird.

3.2.5 Die Rechenmaschine von Schickard

Als erste *Rechenmaschine* gilt heute die 1623 von Wilhelm Schickard (1592–1635) erfundene Maschine. Schickard lehrte als Professor an der Universität in Tübingen zunächst biblische Sprachen und später mathematische Wissenschaften. Er war mit Johannes Kepler befreundet, der damals Mathematiker in Linz war und mit dem er korrespondierte. Für ihn ließ er eine zweite Maschine bauen, die jedoch während des Baus verbrannte. Die erste Maschine ist verschollen. Vorstellungen von der Erfindung vermitteln Notizen von Schickard für den Mechaniker und ein Brief an Kepler (Abb. 3.30).

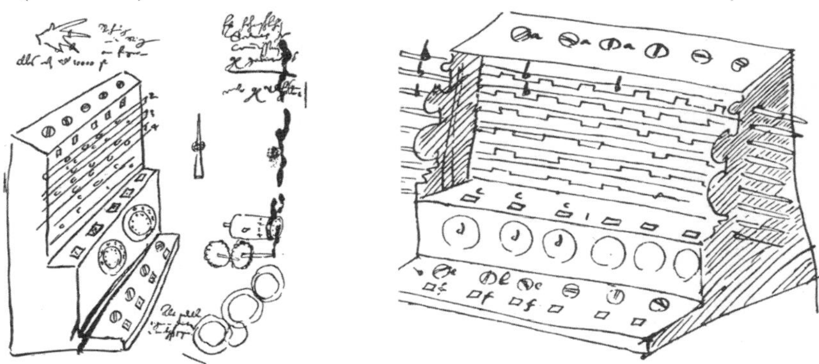

Abb. 3.30 Skizzen der Rechenmaschine für den Mechaniker (links) und für Kepler (rechts) [Freytag-Löringhoff 1986[4]]

Schickards Maschine wurde von Bruno Baron von Freytag-Löringhoff (1912–1996) in Tübingen gründlich erforscht und schließlich rekonstruiert [Freytag-Löringhoff 1986[4]]. Ein Nachbau, der auf einer Briefmarke abgebildet ist, erinnert an den Erfinder und seine Maschine (Abb. 3.31).

Abb. 3.31 Sondermarke von 1973 zur Erinnerung an Wilhelm Schickard und „350 Jahre Rechenmaschine"

Die Maschine – Schickard sprach von einer „Rechenuhr" – bestand aus einem oberen Werk mit senkrecht stehenden drehbaren Walzen mit den Einmaleins-Reihen, wie wir sie von Schott her kennen. Die waagerechten Schieber geben zu dem jeweiligen Multiplikanden die Zwischenergebnisse frei. Das untere Werk enthielt ein mechanisches Rechenwerk für Addition und Subtraktion mit automatischem Zehnerübertrag. Damit handelt es sich also um eine Rechenmaschine. Die beiden Werke standen zwar unmittelbar untereinander, doch eine mechanische Verbindung bestand nicht zwischen ihnen. Aber Kombinationsinstrumente sind uns ja schon wiederholt begegnet.

Uns interessieren die Ideen, die dem eigentlichen *Rechenwerk* zugrunde liegen. Mathematische Grundlage ist das *Zählen* (die Rechenmeister sprachen vom Nummerieren). Nacheinander erhält man dabei die natürlichen Zahlen 0, 1, 2, 3, 4, 5, 6, 7, 8, 9, 10, 11, 12, … Um sie zu notieren, werden die 10 Ziffern von 0 bis 9 benötigt. Nach der 9 geht es zweistellig mit der 10 weiter. Auf der ersten Stelle geht es wieder mit der 0 von vorne los usw. Den Übergang von einer Stelle zur nächsten bezeichnet man als *Zehnerübertrag.*

Das Addieren kann man als *Vorwärtszählen,* das Subtrahieren als *Rückwärtszählen* auffassen. Beispielsweise bedeutet die Aufgabe 2 + 3, von 2 aus um 3 vorwärtszuzählen. Damit kommt man zu 5. Zählt man dagegen von 5 um 3 rückwärts, so hat man 5 – 3 gerechnet. Zugleich wird deutlich: Die Subtraktion ist die *Umkehrung* der Addition. Damit ist *mathematisch* das Wesentliche gesagt.

Die entscheidenden *technischen* Ideen haben es mit der Realisierung des Zählens und des Übertragens zu tun. Im Prinzip sind diese von *Zählwerken* her bekannt, auf die bereits bei den Messrädern hingewiesen wurde.

3.2.6 Zählwerke

In vielen Lebensbereichen begegnet man Zählwerken, mit denen etwa Weglängen, Wasser-, Gas- und Elektrizitätsmengen abgelesen werden können. Bei den mechanisch dezimal zählenden Zählwerken haben sich im Wesentlichen zwei Typen durchgesetzt: *Zählscheiben* oder *Zählwalzen* als Träger von Ziffern. Bei den Instrumenten mit Zählscheiben kann man die Einer, Zehner, Hunderter, … durch einzelne – meist runde – Fenster erkennen (Abb. 3.32).

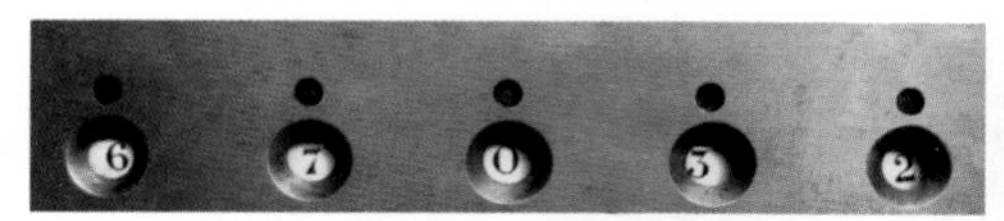

Abb. 3.32 Fünfstelliges Zählwerk mit Zählscheiben

Bei den Instrumenten mit Zählwalzen gibt es im Wesentlichen zwei Varianten: Die Walzen können wie bei den Zählscheiben nebeneinander auf eigenen Achsen laufen, sie können aber auch auf einer einzigen Achse so dicht nebeneinander laufen, dass man das Ergebnis als mehrstellige Zahl durch ein Fenster betrachtet (Abb. 3.33).

Abb. 3.33 Fünfstelliges Zählwerk mit Zählwalzen auf einer Achse; die 1. Stelle von rechts ist weiß umrandet und für Zehntel gedacht

In jedem Fall ist beim Zählen zunächst immer die erste Stelle betroffen. Man beobachtet, wie bei der Drehung nacheinander die Ziffern 0, 1, 2, ... bis zur 9 erscheinen. Dann zeigt sich wieder die 0; zugleich erhöht sich die Ziffer des nächsten Rades um 1. Das ist der *Zehnerübertrag*. Stand das nächste Rad auf der 9, dann gibt es auch dort einen Zehnerübertrag auf das dritte Rad usw.

Sitzen die Walzen auf einer Achse, dann dreht ein „Mitnehmer" auf dem ersten Rad das nächste Rad nach einer vollen Umdrehung um eine Stelle weiter. Sitzen die Scheiben oder die Walzen nebeneinander, dann wird ein *Hilfszahnrad* eingeschaltet, auf dem der Mitnehmer angebracht ist, um die Drehrichtung des ersten Rades beizubehalten (Abb. 3.34).

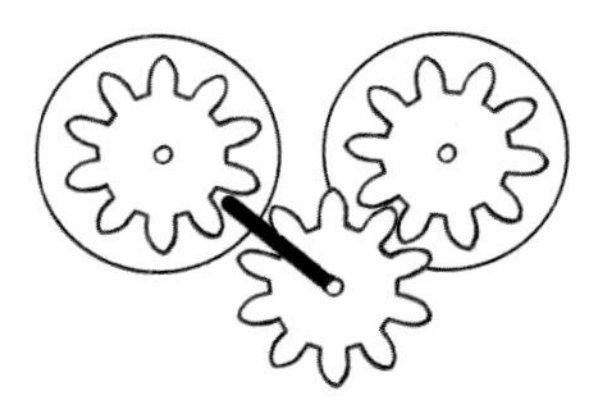

Abb. 3.34 Zehnerübertrag mit Hilfe eines Stifts am Hilfszahnrad (nach Detlev Bölter)

Nach diesem Prinzip muss auch die Maschine von Schickard gearbeitet haben. Seine recht vagen Angaben lassen unterschiedliche Interpretationen zu, die sich auch in den verschiedenen Nachbauten niedergeschlagen haben. Immerhin lässt sich aus der berühmten Skizze für den Techniker und der Beschreibung erkennen, dass er wohl 6 Walzen verwendete, die auf eigenen Achsen liefen und an denen Zahnräder befestigt waren. Außerdem sorgten 5 Hilfszahnräder für die gleiche Drehrichtung der Walzen. Für den Zehnerübertrag sorgte möglicherweise ein Stift, der auf den Hilfszahnrädern als „Mitnehmer" angebracht war.

In der Folge werden in Rechenmaschinen gelegentlich Zählscheiben verwendet, meist jedoch Zählwalzen.

Für den Zehnerübertrag sind zum Teil raffinierte technische Lösungen gefunden worden, auf die ich zwar hinweisen, die ich jedoch nicht näher beschreiben will.

Wie man mit einem Zählwerk addieren kann, macht man sich für den einfachen Fall 2 + 3 an **einer** Zählscheibe klar (Abb. 3.35). Man beginnt bei 0 und dreht (zählt) um 2 weiter. Danach dreht (zählt) man um 3 weiter und landet bei der Summe 5.

Abb. 3.35 Addieren mit einem Zählwerk (von links nach rechts zu lesen)

3.2.7 Die Rechenmaschine von Pascal

Lange galt die Rechenmaschine des französischen Mathematikers und Philosophen Blaise Pascal (1623–1662) als die Erste. Bis dann der Brief von Schickard an Kepler entdeckt wurde. Von Pascals Maschine gibt es allerdings noch einige Originale. Auch seine Maschine hat einen automatischen Zehnerübertrag, der allerdings zwar *technisch* genial, aber nicht so robust und einfach wie der von Schickard ist. Die Maschinen waren auch unterschiedlich motiviert. Während Schickard der Wissenschaft dienen wollte, ging es Pascal zunächst um das Finanzwesen. Zum Bau einer Rechenmaschine war er durch die langwierigen Steuerberechnungen angeregt worden, bei denen er seinem Vater half, der ein leitender Steuerbeamter war. Zwischen 1642 und 1645 entwickelte er mit Hilfe eines Uhrmachers seine Maschine, von der etwa 20 Exemplare gebaut wurden. Ein schönes Exemplar befindet sich in Dresden (Abb. 3.36).

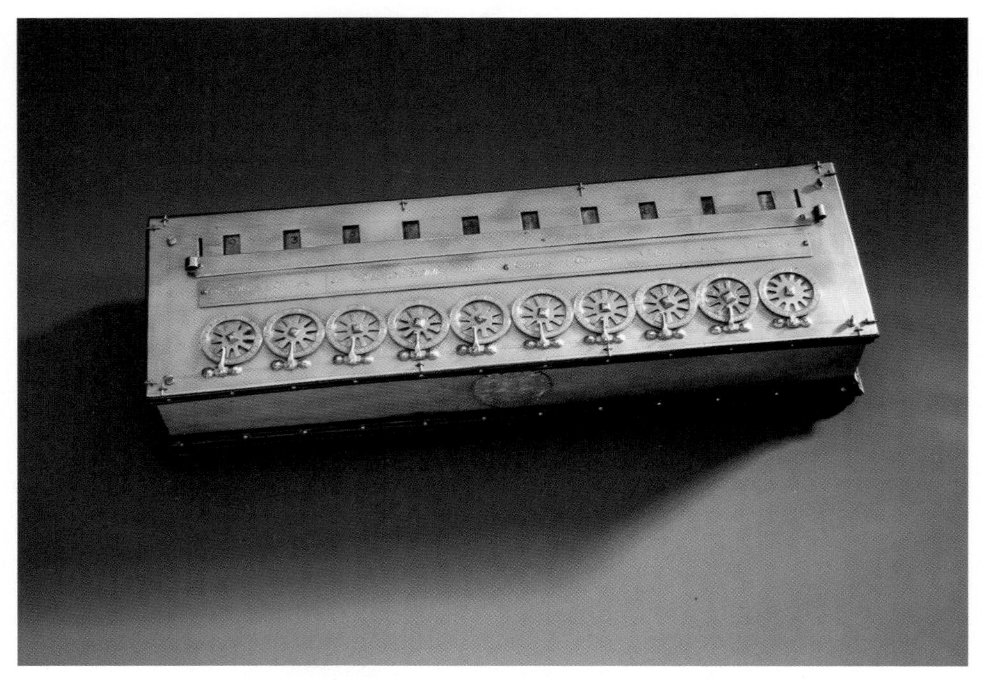

Abb. 3.36 Rechenmaschine von Blaise Pascal, um 1650; Staatliche Kunstsammlungen Dresden, Mathematisch-Physikalischer Salon, Fotograf: Jürgen Karpinski, Dresden

Bei der Maschine handelt es sich um einen *Zweispeziesrechner* zum Addieren und Subtrahieren. Zum Addieren stellte man mit einem Stift eine Zahl durch Drehen von *Speichenrädern* jeweils bis zum Anschlag ein. Damit wurden im Inneren der Maschine *Stiftenräder* je nach der eingestellten Ziffer unterschiedlich weit gedreht. Ihre Drehungen wurden dann über Getriebe aus Stiftenrädern vom *Einstellwerk* ins *Ergebniswerk* übertragen, das aus *Walzen* besteht, die sich um jeweils eigene Achsen drehen. Die aus Uhrwerken bekannten Stiftenräder sind das grundlegende Element der Maschine (Abb. 3.37).

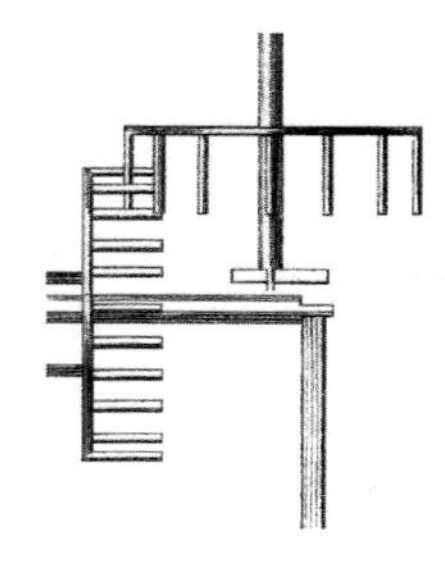

Abb. 3.37 Getriebe aus Stiftenrädern auf zueinander senkrechten Achsen

Auf den Walzen sind schwarze und rote Zahlen angebracht: Beim Addieren kann man die schwarzen Zahlen durch Schaulöcher ablesen; zum Subtrahieren konnte man die schwarzen Ziffern auf den Walzen mit einem Schieber abdecken und sah dann die roten Ziffern für das Subtrahieren. Diese ergänzen sich jeweils zu 9 mit der darüber liegenden schwarzen Ziffer.

Diese Einrichtung löst ein technisches Problem: Die Walzen konnten sich nur in einer Richtung drehen. Damit konnte die Subtraktion nicht durch Rückwärtsdrehen bewerkstelligt werden. Hier half nun Pascal eine interessante *mathematische* Idee weiter. Sie besteht in der Ersetzung der üblichen Subtraktion durch eine *Komplementaddition.*

Machen wir uns das an einer Subtraktion mit Pascals Maschine klar. Wie berechnet sie z. B. 8 – 2? Dazu betrachten wir die beiden Zahlenreihen einer Walze „abgewickelt" (Abb. 3.38).

9	8	7	6	5	4	3	2	1	0
0	1	2	3	4	5	6	7	8	9

Abb. 3.38 Komplementaddition

Bei der Subtraktion wird mit den roten Ziffern gerechnet. Mit dem Griffel wird zunächst das Speichenrad so weit gedreht, bis die rote 8 erscheint. Mit dem Griffel dreht man das Speichenrad um 2 weiter, und es erscheint die 6.

Was ist geschehen? Während die Reihe der schwarzen Zahlen von rechts nach links steigt, fällt die Reihe der Komplementzahlen. In der Reihe der schwarzen Zahlen bedeutet ein Wandern nach links eine Addition, in der Reihe der roten Zahlen bedeutet es deshalb eine Subtraktion. Da auch in diesem Fall eigentlich addiert wird, zählt man die Maschine zu den *Addiermaschinen.*

Die entscheidende neue *technische* Idee betrifft den *Zehnerübertrag.* Er vollzieht sich durch einen *Fallhebel,* der durch die Drehung der Zahnscheibe angehoben wird, bei Überschreiten der 9 herunterfällt und dabei in die nächste Zahnscheibe eingreift und diese um eine Stelle weiterrückt. Das ist einerseits eine geniale *technische* Idee, andererseits wurde damit die Maschine empfindlich gegen Änderungen der Aufstellung.

Die Entwicklung der Maschine zog sich über etwa drei Jahre hin, wobei Pascal im Wesentlichen mit handwerklichen Problemen zu kämpfen hatte. Dabei erwies sich die Zusammenarbeit mit einem Uhrmacher als schwierig, weil die wissenschaftlichen und technischen Ideen von Pascal, der durchaus seine handwerklichen Defizite sah, nicht so recht zur Kunst des Handwerkers passten, der seinerseits Schwierigkeiten mit der Wissenschaft hatte.

Die Maschine wurde unter dem Namen *Pascaline* vertrieben, stieß in der Zeit der „technischen Wunderwerke“ als solches auch auf Neugier. Ein praktischer Nutzen und wirtschaftlicher Erfolg wurden mit ihr jedoch nicht erzielt.

Immerhin gab es noch im 20. Jahrhundert Rechenmaschinen, die in ihrem Aufbau und in ihrer Bedienung an ihre frühere Vorgängerin erinnerten, wie z. B. die 1910 von dem Schweizer Statistiker Carl Landolt (1869–1923) entwickelte *Conto* (Abb. 3.39). Hier erfolgt die Einstellung allerdings durch Hebel, mit denen Zahnscheiben im Inneren gedreht werden. Man spricht daher von einem *Zahnscheibenaddierer.*

Abb. 3.39 *Conto C* von Carl Landolt, Thalwil bei Zürich

3.2.8 Die Rechenmaschine von Leibniz

Mit der Rechenmaschine von Pascal konnte man auch mühsam multiplizieren, indem man die gleiche Zahl wiederholt addierte. Denn man kann die Multiplikation natürlicher Zahlen als wiederholte Addition deuten. So bedeutet z. B.

$$5 \cdot 7 = 7 + 7 + 7 + 7 + 7 = 35.$$

Das musste man dann bei der Multiplikation mehrstelliger Zahlen nacheinander für jede einzelne Stelle durchführen.

Aber auch die Multiplikation mehrstelliger Zahlen kann man als wiederholte Addition deuten, z. B.

$$4 \cdot 321 = 321 + 321 + 321 + 321 = 1284.$$

Es wäre natürlich wesentlich eleganter, eine komplette mehrstellige Zahl mehrfach hintereinander zu addieren. Eine Maschine, die das könnte, wäre eine echte „Multiplikationsmaschine“.

Aber man kann sogar noch weiter gehen: Auch die Division lässt sich ja durch Wiederholung deuten. So gilt z. B.

$$35 - 7 - 7 - 7 - 7 - 7 = 0.$$

Man kann also 5mal die 7 von der 35 subtrahieren und daraus ablesen:

$$35 : 7 = 5.$$

Und Entsprechendes gilt natürlich auch für mehrstellige Zahlen, z. B.:

$$1284 - 321 - 321 - 321 - 321 = 0.$$

Also:

$$1284 : 321 = 4.$$

Das waren die wesentlichen *mathematischen* Ideen, die eigentlich auf der Hand lagen. Man benötigte demnach *technische* Ideen, um eine derartige Maschine zu realisieren. Eine solche Maschine könnte alle vier Grundrechenarten durchführen. Das wäre dann ein *Vierspeziesrechner*.

Für Gottfried Wilhelm Leibniz (1646–1716) wurde das eine Aufgabe, der er sich über 40 Jahre seines Lebens bis zu seinem Tode widmete und die eine beträchtliche Summe von mehr als 20 000 Talern verschlang. Immerhin gelang es ihm, mehrere Exemplare seiner *Machina Arithmetica* bauen zu lassen. Allein das macht deutlich, dass er mit seiner Maschine eine Fülle von technischen Problemen zu überwinden hatte. Es ist daher unmöglich, alle die Ideen zu ihrer Überwindung im Rahmen dieses Buches im Einzelnen zu schildern. Ich werde mich deshalb auf die *zentralen* Ideen beschränken. Für die Details verweise ich auf eine inzwischen umfangreiche Spezialliteratur [z. B. Prinz 2010].

Leibniz begann um 1670 mit der Konstruktion einer Rechenmaschine für die vier Grundrechenarten. 1710 erschien in den Mitteilungen der Berliner Akademie eine Veröffentlichung darüber [Leibniz 1710].

Um alle eingestellten Ziffern auf einmal verarbeiten zu können, trennte Leibniz das *Einstellwerk* vom *Ergebniswerk*. Damit war es möglich, zunächst einmal alle Ziffern über *Drehknebel* nacheinander einzustellen.

Die Übertragung ins Ergebniswerk erfolgte dann mit einer Umdrehung der *Kurbel* vorn an der Maschine. Dabei war für jede Stelle eine Achse vorgesehen, die sich synchron mit den anderen Achsen bewegte. Auf den einzelnen Achsen saß jeweils ein Drehelement, das je nach der eingestellten Ziffer unterschiedliche Drehungen weitergeben konnte. Hierfür hatte Leibniz die zündende *technische* Idee: die *Staffelwalze* (Abb. 3.40). Sie ist das Herzstück seiner Maschine.

Abb. 3.40 Prinzip der Staffelwalze nach: [Martin 1925, S.8]

Beim Einstellen einer Ziffer wird die Staffelwalze über eine Zahnstange auf der Achse verschoben. Ein Zahnrad auf der Achse der *Ablesewalze* im Ergebniswerk wird nun von den Zähnen der Staffelwalze gedreht. Ist z. B. 5 eingestellt, dann greifen 5 Zähne der Staffelwalze in das *Abgreifzahnrad*, das die Ablesewalze auf die 5 dreht.

Ein besonderes technisches Problem bei der synchronen Arbeit der Staffelwalzen bereitete der Zehnerübertrag. Denn das Weiterdrehen der Walzen erfolgte ja beim Addieren gleichzeitig, sodass der Übertrag erst danach weitergegeben werden konnte. Das führte jedoch zu Komplikationen, wenn Überträge „weitergereicht" werden mussten. Es schien so, als müsse man in einem derartigen Fall mit der Hand eingreifen. Bei dem Nachbau der Maschine für das Arithmeum in Bonn fanden aber die Techniker heraus, dass sich das durch eine nachträgliche Aktion mit gespeicherten Überträgen vermeiden ließ [Prinz 2010].

Die Multiplikation erfolgte durch wiederholte Addition, wobei ein *Umdrehungszählwerk* rechts die Zahl der Umdrehungen anzeigte.

Bei Multiplikation mit mehrstelligen Zahlen wurden die einzelnen Stellen von rechts nach links abgearbeitet. Dabei wurde das Einstellwerk mit der linken *Stellenkurbel* jeweils um eine Stelle nach links gerückt.

Die Subtraktion erfolgte *wendeläufig* durch Rückwärtsdrehen der vorderen Kurbel. Die Division wurde mit sukzessiver Subtraktion ausgeführt.

Abb. 3.41 Die *Machina Arithmetica*, Vier-Spezies-Rechenmaschine von Leibniz, Foto: Gottfried Wilhelm Leibniz Bibliothek – Niedersächsische Landesbibliothek Hannover

Bei der Betrachtung der Bauteile der Maschine und ihrer Funktionen sollte man nicht ihr Erscheinungsbild vernachlässigen. Zwar ist die Maschine von Hannover in einem unscheinbaren Holzkoffer untergebracht, doch darin verbirgt sich ein prachtvoll gestaltetes technisches Kunstwerk, dem auch wir noch Bewunderung zollen (Abb. 3.41). Sie war damit natürlich eine Kandidatin für fürstliche Kunst- und Kuriositätenkabinette.

Wenn sie auch praktisch nicht benutzt wurde, so war sie doch in mancherlei Hinsicht Vorbild für spätere Generationen von Rechenmaschinen: die Quaderform, die Trennung von Einstell- und Ergebniswerk, der Kurbelantrieb, die Staffelwalzen, das verschiebbare Einstellwerk, das Umdrehungszählwerk und sogar der Holzkasten. Als Beispiel sei eine frühe *Archimedes* gegeben, die bis in die 1950er Jahre weiterentwickelt wurde (Abb. 3.42).

Abb. 3.42 *Archimedes C* im Holzkasten von Reinhold Pöthig, Glashütte in Sachsen, um 1912

3.2.9 Die Rechenmaschine von Braun

Äußerlich und innerlich einen erheblichen Kontrast stellt die Maschine von Anton Braun (1686–1728) dar, die dieser im Auftrag von Kaiser Karl VI. entwickelte (Abb. 3.43).

Abb. 3.43 Rechenmaschine von Anton Braun, Foto: Kunsthistorisches Museum, Wien

Er baute seine Maschine in Form eines *Zylinders* und benutzte zur Übertragung vom Einstell- zum Rechenwerk eine zentrale drehbare Walze mit 6 Gruppen von je 9 Schiebern. Mit den Schiebern einer Gruppe kann man je nach der einzustellenden Ziffer eine „Sprosse" aus der Walze hinausschieben, die dann das entsprechende Abgreifzahnrad bewegt (Abb. 3.44). Man spricht deshalb von einer *Sprossenradmaschine*. Die Abgreifzahnräder greifen über mechanische Getriebe direkt in die Ziffernscheiben des Ergebniswerks ein.

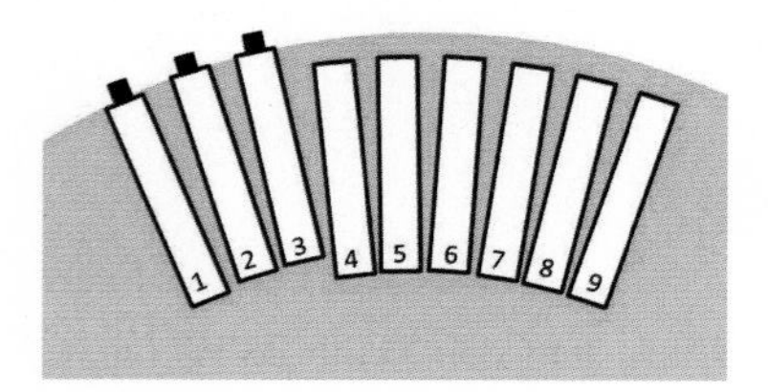

Abb. 3.44 Sprossenrad von Anton Braun

Die Addition erfolgt durch zweimalige Drehung der Kurbel nur in einer Richtung. Für die Subtraktion arbeitet die Maschine mit Komplementaddition. Für die Multiplikation wird wiederholt addiert und für die Division wiederholt subtrahiert.

Als zentrale *technische* Ideen dieser Maschine sehe ich die zylindrische Form und die Sprossenräder an. Auch bei dieser Maschine fällt die prachtvolle Ausstattung aus feuervergoldetem und verzinntem Messing mit den kunstvollen Verzierungen durch den Bildhauer Johann Baptist Straub (1704–1784) ins Auge. Braun lieferte 1627 die Maschine dem Kaiser anlässlich einer Bewerbung um das Amt des kaiserlichen Instrumentenmachers als Beleg seiner Fähigkeiten. So gelangte sie in die kaiserliche Kunstkammer in Wien. Heute befindet sie sich im *Kunsthistorischen Museum* in Wien.

Als *Sprossenradmaschine* wurde sie zur Vorläuferin des erfolgreichsten Rechenmaschinentyps im 20. Jahrhundert. Dafür sei hier eine „nüchterne" *Brunsviga* als Beispiel gegeben, bei der immerhin noch die Andeutung eines liegenden Zylinders mit zentraler Kurbel zu erkennen ist und die bis in die 1950er Jahre weiterentwickelt wurde (Abb. 3.45).

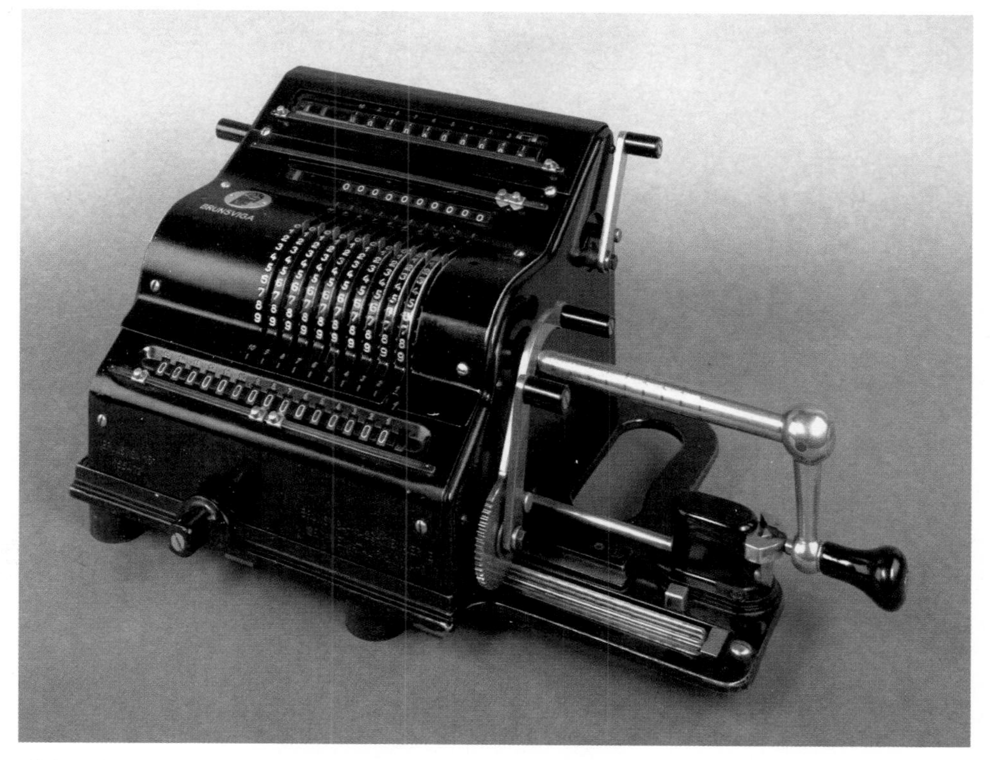

Abb. 3.45 *Brunsviga 15* der Fa. Grimme & Natalis, Braunschweig, aus der 1. Hälfte des 20. Jahrhunderts, Foto: P. Ruff, Rechenzentrum der Julius-Maximilians-Universität Würzburg

3.2.10 Die Rechenmaschinen von Hahn

Aber auch die Zylinderbauweise fand ihre Nachfolger. Vom Äußeren her sehr ähnlich waren die Rechenmaschinen des schwäbischen Pfarrers und Mechanikers Philipp Matthäus Hahn (1739–1790). Auch sie waren prachtvoll gestaltete *Zylindermaschinen* mit allen Bedienungselementen oben auf der Deckfläche und einer mächtigen Kurbel im Zentrum (Abb. 3.46). Einen entscheidenden Unterschied bilden aber die im Inneren verborgenen *Staffelwalzen*.

Sie sind am Rand des Zylinders drehbar angebracht und können durch *Schieber* je nach der einzustellenden Ziffer angehoben werden. Mit der Kurbeldrehung im Uhrzeigersinn dreht ein mitgeführter *Zahnbogen* die Staffelwalzen. *Abgreifzahnräder* werden je nach der Zahl der eingreifenden Rippen der einzelnen Staffelwalzen gedreht und drehen auf ihrer Achse die Zahlenscheiben des Hauptzählwerks am Rand der Walze. Auf den Scheiben sind schwarze Zahlen für Addition und Multiplikation sowie rote Zahlen für Subtraktion und Division angebracht. Die Subtraktion und die Division werden also durch Komplementadditionen durchgeführt.

Abb. 3.46 Rechenmaschine von Philipp Matthäus Hahn, Foto: P. Frankenstein, H. Zwietasch; Landesmuseum Württemberg, Stuttgart

Zehnerüberträge werden mit Hilfe eines Schaltbogens an der Kurbelachse ausgelöst, die auf eine Hebelkombination auf den Trägerscheiben benachbarter Staffelwalzen wirkt.

Auf der Walze ist zugleich ein mehrstelliges *Umdrehungszählwerk* angebracht, mit dem auch mehrstellige Multiplikatoren und Quotienten angezeigt werden können. Bei mehrstelligen Multiplikatoren dreht man die innere Walze jeweils von einer Stelle zur nächsten um einen Schritt weiter.

Hahn vollendete 1774 seine erste Maschine, die in jeder Hinsicht zuverlässig arbeitete und deshalb als erster echter Vierspeziesrechner gilt. Es folgten vier weitere Maschinen mit unterschiedlicher Stellenzahl. Originale gibt es im Landesmuseum Württemberg in Stuttgart und im Museum für Technik und Arbeit in Mannheim. Es folgten Maschinen seines Schülers und Schwagers Johann Christoph Schuster (1759–1823). Erinnert sei an das prachtvolle Exemplar des Arithmeums in Bonn aus der Einleitung (Abb. 3), das 1792 im fränkischen Uffenheim entstand [Korte 2004]. Auch zu dieser Maschine gibt es eine Briefmarke (Abb. 3.47).

Abb. 3.47 Sondermarke zur Erinnerung an Johann Christoph Schuster aus dem Jahr 2002

Als Staffelwalzenmaschine in Zylinderform hatte dieser Maschinentyp auch im 20. Jahrhundert noch Nachfolger. Zwei von ihnen möchte ich hier besonders hervorheben.

Abb. 3.48 Zylindermaschine *Gauß* von Christel Hamann, Berlin, 1905, aus: [Martin 1925, S. 164]

Im Jahr 1905 bot die Fa. R. Reiss aus Liebenwerda eine von Christel Hamann (1870–1948) aus Berlin erfundene Zylinderrechenmaschine unter dem Namen *Gauß* an (Abb. 3.48).

Bei dieser Maschine fällt äußerlich wieder die zentrale Kurbel auf. Die Eingabe der Zahlen verläuft über Schieber, die in Schlitzen auf der Deckfläche betätigt werden. Die entscheidende neue *technische* Idee ist eine „abgewickelte" *Staffelwalze* auf einer *Schaltscheibe*, in die Zählräder greifen, die mit der Kurbelwelle an ihr vorbeibewegt werden. Diese Maschinen sind heute eine ausgesprochene Rarität.

Einen Höhepunkt dieser Entwicklung stellt die von Curt Herzstark (1902–1988) entwickelte und in Liechtenstein von 1948 bis 1970 fabrizierte *Curta* dar (Abb. 3.49).

Abb. 3.49 *Curta 1* von Curt Herzstark, Liechtenstein

Auch an dieser Zylindermaschine gibt es wieder eine zentrale *Kurbel.* Auf dem Zylindermantel befindet sich das *Einstellwerk*. Die Deckplatte ist als drehbarer *Rundschlitten* ausgeführt, in dem das *Ergebnis-* und das *Umdrehungszählwerk* untergebracht sind.

Als grundlegende *technische* Idee der Maschine hat ihr Erfinder zwei zentral angeordnete ineinandergreifende *Staffelwalzen* entwickelt, wobei die Zähne der einen für die Addition und die der anderen für die Subtraktion vorgesehen sind. Auch hier erfolgt die Subtraktion also als *Komplementaddition*. Die Maschine war sehr handlich, leistungsstark und zuverlässig. Es gab sie in zwei Ausführungen unterschiedlicher Kapazität. Auch diese Maschinen sind heute von Sammlern begehrt.

3.3 Industriell gefertigte Digitalrechner

3.3.1 Aus der Werkstatt in die Fabrik

Bei den von begabten Mechanikern in ihren Werkstätten als Wunderwerke gebauten Maschinen wurde von ihren Erbauern stets betont, was ihre Maschinen alles könnten und wie nützlich sie wären. Doch letztlich mussten sie diesen Beweis nicht antreten. Die meisten von ihnen glänzten nicht in erster Linie durch ihre Leistungen, sondern durch ihr prachtvolles Äußeres und ihre Kunstfertigkeit. Auch ihres hohen Preises wegen blieben sie deshalb in der Regel nur Auserwählten vorbehalten. Und damit gelangten die Maschinen in den Besitz von Menschen, die sie eigentlich nicht benötigten und die sie selbst auch kaum bedienen konnten.

Der hohe Preis hatte seine Ursachen in der anspruchsvollen, langwierigen und kostspieligen Herstellung. Und der Nutzen war doch durch komplizierte Bedienung und Fehleranfälligkeit eingeschränkt.

Industrielle Fertigung eröffnete im 19. Jahrhundert die Möglichkeit, durch den Einsatz von Maschinen die Anforderungen an die technischen Fähigkeiten bei den Arbeitskräften zu reduzieren und hohe Stückzahlen gleichbleibender Qualität zu erzielen. Letztlich war nur so auch die notwendige Senkung der Herstellungskosten zu erreichen. Das bedeutete freilich für die verantwortlichen Ingenieure und Techniker, bereits bei der Planung nicht nur das Endprodukt, sondern auch den Herstellungsprozess im Auge zu haben. Diese Aspekte bestimmten die Entwicklung der Rechenmaschinen etwa seit der Mitte des 19. Jahrhunderts.

Im Folgenden sollen diejenigen *technischen* Ideen im Vordergrund stehen, in denen es um die Verbesserung der Maschinen aus der Sicht ihrer Benutzer ging. Im Hinblick auf die schier unübersehbare Vielfalt der im 20. Jahrhundert produzierten Maschinen müssen wir uns auf die wesentlichen Ideen konzentrieren. So ist es möglich, einzelne Maschinen bestimmten grundlegenden Ideen zuzuordnen, auch wenn diese Ideen im Inneren der Maschinen verborgen sind.

3.3.2 Die Staffelwalzenmaschine von Thomas

Mit der Maschine von Leibniz und den Maschinen von Hahn waren immerhin technisch Vorbilder vorhanden, die den Weg für weitere Entwicklungen weisen konnten.

Es war Charles Xavier Thomas (1785–1870) aus Colmar, der die Chancen einer industriellen Produktion erkannte und über einen Zeitraum von etwa 30 Jahren sein *Arithmomètre* 1855 zur Serienreife brachte (Abb. 3.50). Bis 1878 wurden etwa 1500 Maschinen produziert, die allerdings nur zögerlichen Absatz fanden.

Die Maschine ist in einem für sie typischen quaderförmigen Holzkasten untergebracht und mit ihm organisch verbunden. Am *Einstellwerk* sind *Schieber* zu erkennen, mit denen die Ziffern eingegeben werden. Darüber befinden sich in einem Schlitten das *Ergebniswerk* und das *Umdrehungszählwerk*. Die Antriebskurbel ist rechts auf dem Einstellwerk angebracht. Ein Hebel links auf dem Einstellwerk dient zur

Umstellung von Addition/Multiplikation auf Subtraktion/Division. Im Innern finden sich waagerecht liegende Staffelwalzen.

Und hier stoßen wir auf eine wichtige Änderung, die uns einen weiteren Schritt in der Entwicklung der Idee der *Staffelwalze* zeigt: Während bei Leibniz und Hahn bei der Einstellung der Ziffern die Staffelwalzen bewegt werden und das Abgreifzahnrad seine Position beibehält, ist es bei der Maschine von Thomas gerade umgekehrt. Das war platzsparend, technisch einfacher und weniger anfällig. Die Schieber für die Eingabe griffen direkt auf die Abgreifzahnräder ein.

Abb. 3.50 *Arithmomètre* von Thomas, Foto: Arithmeum, Rheinische Friedrich-Wilhelms-Universität, Bonn

Eine wesentliche neue *technische* Idee betraf auch die *Subtraktion*. Der Umschalter auf dem Einstellwerk wirkte auf ein verschiebbares *Kegelzahnradpaar*, zwischen dem das Zahnrad der Ergebniswelle lag, sodass die Drehrichtung der Ergebnisscheibe umgekehrt werden konnte. Damit wurde auf eine technisch interessante Art die Komplementaddition realisiert.

Schließlich erhielt die Maschine auch eine robuste Einrichtung für den Zehnerübertrag. Die produzierten Maschinen unterschieden sich in ihrer *Kapazität*, sodass die Käufer entsprechend ihren Bedürfnissen wählen konnten. Dieses unterschiedliche Angebot lässt sich in der gesamten Entwicklung der Rechenmaschinen beobachten.

Um 1880 gründete Arthur Burkhardt (1857–1918) die *Erste deutsche Rechenmaschinenfabrik* in Glashütte in Sachsen und begann mit der Produktion einer Kopie des *Arithmomètre* [Lehmann 1989, Reese 2002].

Bald entstand im gleichen Ort Konkurrenz mit dem Bau ähnlicher Maschinen. Beispielsweise begann die Fa. Archimedes von Reinhold Pöthig aus Glashütte 1906 mit dem Bau von Rechenmaschinen.

Das erste Modell der *Archimedes* von 1906 sah dem *Arithmometer* von Burkhard sehr ähnlich. Die ersten Maschinen wurden noch im Holzkasten geliefert (Abb. 3.42). Bald erhielten sie ein eigenes Metallgehäuse (Abb. 3.51).

Auch in der *Archimedes* war das zentrale Bauelement die Staffelwalze (Abb. 3.52).

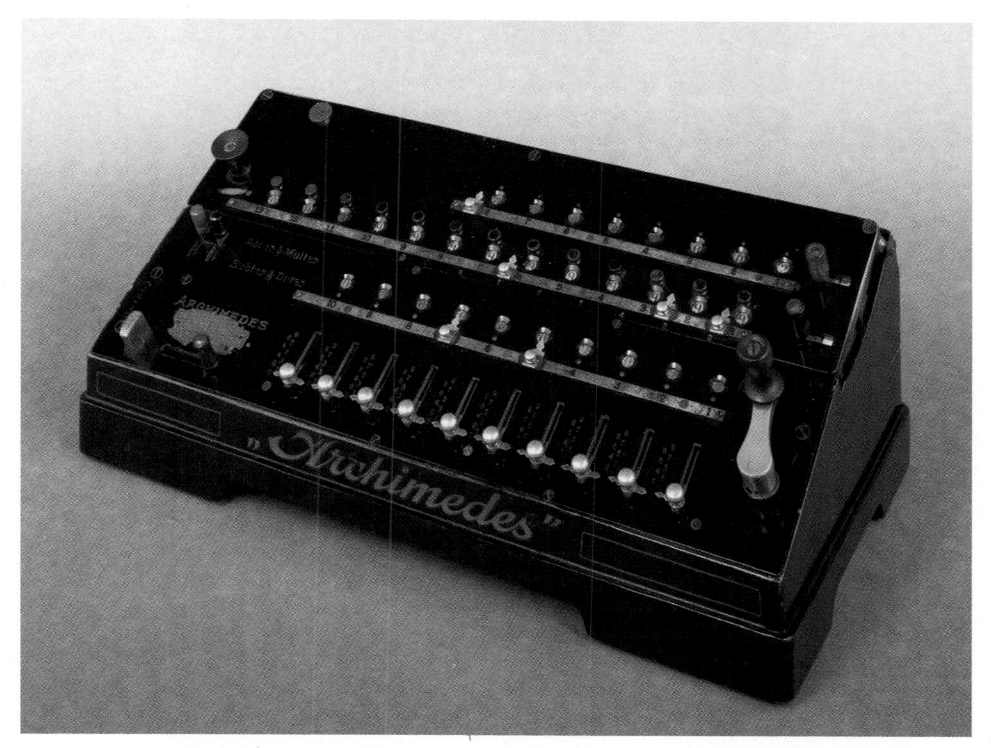

Abb. 3.51 *Archimedes C*, Reinhold Pöthig, Glashütte, im Metallgehäuse; Foto: P. Ruff, Rechenzentrum der Julius-Maximilians-Universität Würzburg

Die nächste auffällige Änderung der Maschine betraf die Eingabe der Zahlen durch *Tasten* (Abb. 3.53). Die ihnen zugrunde liegende *technische* Idee diente der Bequemlichkeit der Kunden und wurde bald Standard.

Bald darauf wurden die Maschinen auch mit *elektrischem Antrieb* geliefert. Schließlich wurden sie zu *Vollautomaten*. Die technische Entwicklung ging dann weiter bis Ende der 1950er Jahre in der DDR.

Abb.3.52 Staffelwalzen der *Archimedes C*

Abb. 3.53 *Archimedes D 20* von Reinhold Pöthig, Glashütte

Eine Konkurrenz erwuchs der *Archimedes* seit 1907 in der *TIM* (Abb. 3.54) und der *UNITAS* der Firma Ludwig Spitz in Berlin-Tempelhof. Auch diese Staffelwalzenmaschinen erlebten ähnliche technische Weiterentwicklungen wie die *Archimedes*.

Abb. 3.54 *TIM II* der Fa. Ludwig Spitz, Berlin-Zehlendorf, Foto: P. Ruff, Rechenzentrum der Julius-Maximilians-Universität Würzburg

3.3.3 Die Sprossenradmaschine von Odhner

Die bereits von Leibniz erdachte und von Braun realisierte Idee des *Sprossenrades* wurde von Willgodt Theophil Odhner (1845–1905) in St. Petersburg aufgegriffen und zur Grundlage des erfolgreichsten mechanischen Vierspeziesrechners. Seine erste Maschine fertigte er 1874 und begann 1886 in St. Petersburg mit der Serienproduktion.

Grundlegendes Bauteil ist das *Sprossenrad*, das aus einer Scheibe mit Nuten besteht, in denen sich Sprossen bewegen können, die durch eine Einstellscheibe je nach der eingestellten Ziffer aus der Scheibe herausgedrückt werden (Abb. 3.55). Auf diese Weise kann die Scheibe zu einem Zahnrad mit 0 bis 9 Zähnen werden. Das Sprossenrad kann auf ein *Abgreifzahnrad* wirken, das das zugehörige *Ziffernrad* im Ergebniswerk entsprechend der eingestellten Ziffer bewegt. Die Sprossenräder benötigen deutlich weniger Platz als die Staffelwalzen.

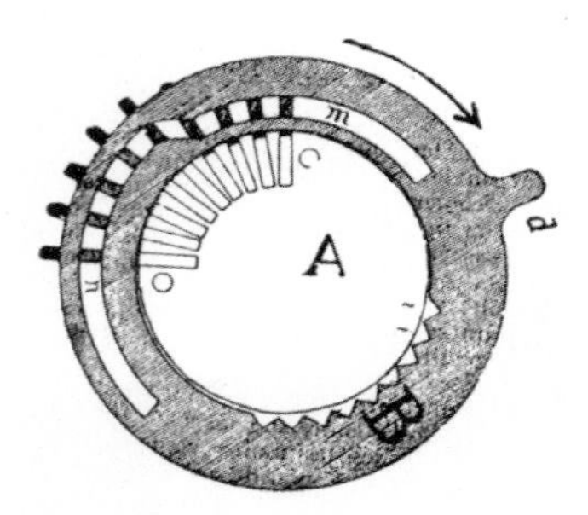

Abb. 3.55 Bau eines Sprossenrades, aus: [Martin 1925, S. 17]

Die Konstruktion führt zu einer vorteilhaften Konsequenz für die Subtraktion und Division: Wird die Kurbel im Uhrzeigersinn bewegt, so addiert die Maschine; dreht man sie entgegengesetzt, so subtrahiert sie. Sprossenradmaschinen liegt also unmittelbar die *mathematische* Idee zugrunde, dass Addieren und Subtrahieren, Multiplizieren und Dividieren jeweils *Gegenoperationen* zueinander sind.

Abb. 3.56 *Trinks-Brunsviga B*, Grimme & Natalis, Braunschweig; seit 1892 gebaut, Foto: P. Ruff, Rechenzentrum der Julius-Maximilians-Universität Würzburg

Bald darauf begann Odhner, die Patentrechte im Ausland zu verkaufen. 1892 erwarb sie die Nähmaschinenfabrik Grimme, Natalis & Co in Braunschweig, die noch im gleichen Jahr mit der Produktion begann und die Maschinen unter dem Namen *Brunsviga* bald weltweit verkaufte. Abb. 3.56 zeigt ein frühes Exemplar.

Man erkennt die wichtigsten Bauelemente: oben das *Einstellwerk* mit den *Einstellschiebern* und der *Kurbel*; davor der verschiebbare *Schlitten* mit dem *Umdrehungszählwerk* links und dem *Ergebniswerk* rechts. Die drei *Flügelmuttern* dienen zur Rückstellung der Werke. Auch dieser Maschinentyp bekam im Laufe seiner Entwicklung einen elektrischen Antrieb, der jedoch erst um 1950 zu zuverlässigen Ausführungen führte.

Interessant ist die Entwicklung von Maschinen, bei denen mehrere Werke parallel arbeiten können (Abb. 3.57). Sie wurden z. B. in Vermessungsämtern verwendet.

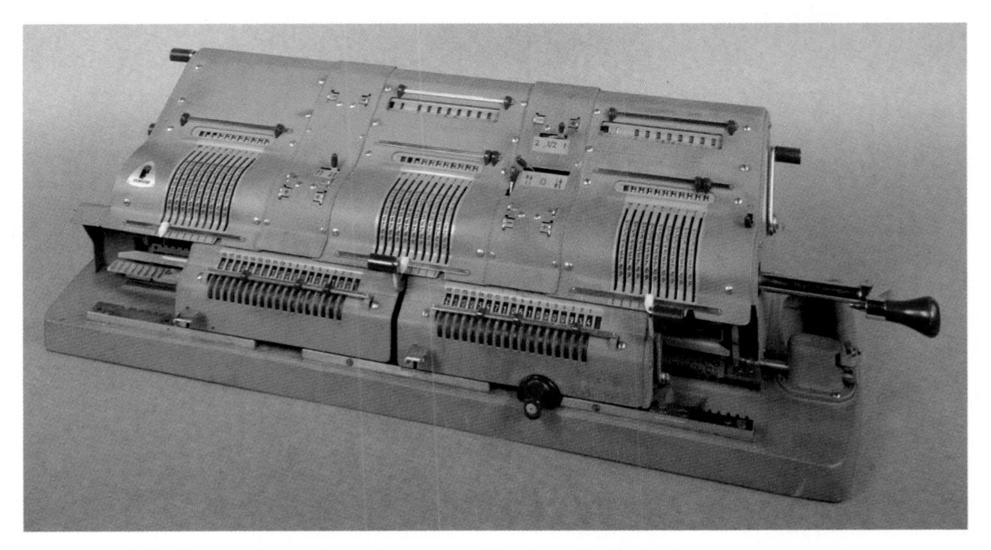

Abb. 3.57 Die Dreifachmaschine *Brunsviga 183,* Foto: P. Ruff, Rechenzentrum der Julius-Maximilians-Universität Würzburg

Sprossenradmaschinen von zahlreichen Herstellern eroberten als leistungsfähige, robuste und einfach zu bedienende Vierspeziesrechner die Welt.

3.3.4 Die Proportionalhebelmaschine von Hamann

Während die Konstrukteure der industriell produzierten Staffelwalzen- und Sprossenradmaschinen auf alte *technische* Ideen zurückgreifen konnten, die sie dann allerdings variierten, beruhen *Proportionalhebelmaschinen* auf grundlegend neuen Ideen. Sie wurden um 1905 von Christel Hamann entwickelt und von der Fa. Mercedes in Berlin unter der Bezeichnung *Mercedes-Euklid* gebaut und vertrieben (Abb. 3.58).

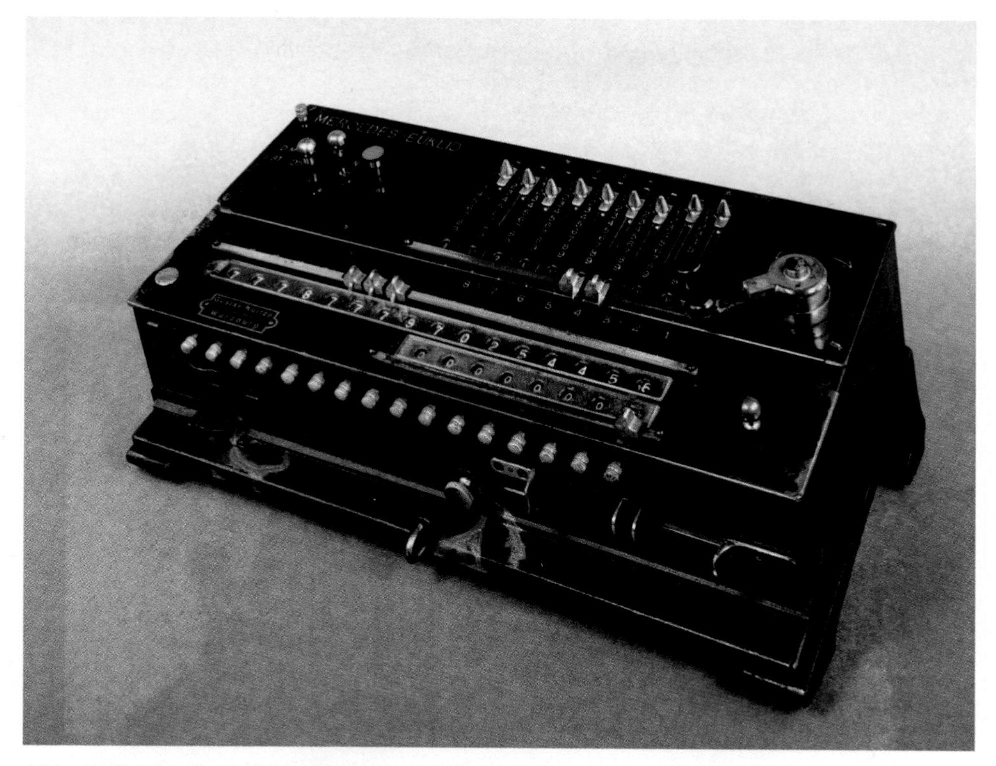

Abb. 3.58 *Mercedes-Euklid I,* Foto: P. Ruff, Rechenzentrum der Julius-Maximilians-Universität Würzburg

Die *technische* Idee besteht darin, entsprechend den Ziffern 0, …, 9 zehn miteinander verbundene parallele *Zahnstangen* unterschiedlich weit hin-und herzubewegen. *Abgreifzahnräder* werden dann auf den einzelnen Stangen verschieden weit gedreht, ganz gleich, wo sie auf der jeweiligen Stange eingreifen. Realisiert wird das durch einen *Hebel*, der diese Stangen bei Drehung der Kurbel entsprechend bewegt (Abb. 3.59).

Abb. 3.59 Proportionalhebelmaschine

Dieser technischen Idee liegt eine interessante *mathematische* Idee zugrunde.

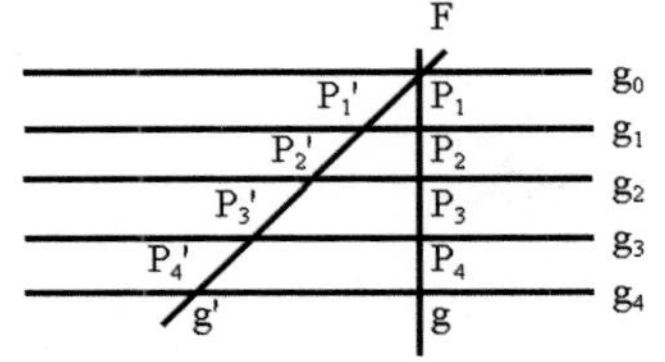

Abb. 3.60 Scherung

In Abb. 3.60 ist eine *Scherung* an der Geraden g_0 dargestellt. F ist ein Fixpunkt: der Drehpunkt des Proportionalhebels. Die Gerade g markiert den Proportionalhebel in der Ausgangslage, die Gerade g' den Proportionalhebel in der Endlage. Die Geraden $g_0, g_1, g_2, g_3, g_4, \ldots$ stehen für die Zahnstangen. Sie haben alle den gleichen Abstand voneinander. Als Parallelen zur Schergeraden werden sie in sich abgebildet. Nach dem Strahlensatz gilt nun:

$$\overline{P_2P_2'} = 2\overline{P_1P_1'},\ \overline{P_3P_3'} = 3\overline{P_1P_1'},\ \overline{P_4P_4'} = 4\overline{P_1P_1'} \ldots$$

Das bedeutet für die Maschine:

(1) Alle Abgreifzahnräder, die von einer Stange gedreht werden, werden um den gleichen maximalen Winkel gedreht.

(2) Wenn ein Abgreifzahnrad auf g_1 um α gedreht wird, dann auf g_2 um 2α, auf g_3 um 3α, bei g_4 um 4α usw.

Bei der Subtraktion wechselt der Fixpunkt auf die unterste Gerade. Die Scherrichtung dreht sich damit um. Das ist eine neue technische Realisation der Komplementaddition.

Die Proportionalhebelmaschinen erhielten schon früh einen elektrischen Antrieb und erwiesen sich als technisch ausbaufähig.

3.3.5 Die Schaltklinkenmaschine von Hamann

Schließlich schuf Christel Hamann mit seiner Erfindung der *Schaltklinke* einen weiteren Maschinentyp, der ab 1925 unter der Bezeichnung *Hamann Manus* von der Fa. DeTeWe in Berlin gefertigt wurde [Prinz 2010]. Die grundlegende *technische* Idee besteht in Folgendem: Auf einen Zahnring, der auf einer drehbaren Scheibe angebracht ist, wirkt innen eine drehbare Schaltklinke, die den Zahnring mitnimmt, solange die Schaltklinke eingreift (Abb. 3.61).

Abb. 3.61 Schaltklinke

Dabei werden außen vom Zahnring Zahnräder angetrieben, die schließlich auf das Hauptzählwerk wirken. Die Einwirkung der Schaltklinke wird durch den Einstellhebel gesteuert. Die Dauer der Einwirkung ist proportional der eingestellten Ziffer.

Die Maschine war äußerlich einer Sprossenradmaschine ähnlich. Mit Einstellhebeln, die die Wirkungsdauer der Schaltklinken steuerten, wurden die Ziffern eingestellt. Mit einer Kurbel wurde die Maschine betrieben. Dabei blieben jedoch – abweichend von den Sprossenradmaschinen – die Einstellhebel fest. Ab 1928 wurden die Maschinen elektrisch betrieben (Abb. 3.62).

Abb. 3.62 *Hamann Elma* der Fa. DeTeWe Berlin, ab 1934, Foto: P. Ruff, Rechenzentrum der Julius-Maximilians-Universität Würzburg

3.3.6 Die Multiplikationskörpermaschine von Steiger

Alle bisherigen Maschinen basierten auf der *mathematischen* Idee, die Multiplikation als wiederholte Addition und die Division als wiederholte Subtraktion zu behandeln. Das war natürlich zeitraubend. Eine schnellere Lösung für die Multiplikation findet sich in der von Otto Steiger (1858–1923) entwickelten und von Hans W. Egli in Zürich von etwa 1900 bis 1935 produzierten *Millionär* (Abb. 3.63). Dabei handelte es sich um die Weiterentwicklung einer von Léon Bollée (1870–1913) erfundenen Maschine mit *Multiplikationskörper*.

Abb. 3.63 *Millionär* der Fa. H. W. Egli in Zürich, Foto: P. Ruff, Rechenzentrum der Julius-Maximilians-Universität Würzburg

Die *Millionär* ist zunächst eine 4-Speziesmaschine. Ihre Besonderheit besteht darin, dass die Multiplikation mit Hilfe eines *Multiplikationskörpers* wesentlich rascher ausgeführt werden kann. Bei diesem Bauelement handelt es sich um einen Block aus 9 Schichten von nebeneinander liegenden Stäben unterschiedlicher Längen, von denen jede Schicht ein Einmaleins repräsentiert (Abb. 3.64).
Die Schicht für das Einmaleins mit der 6 sieht z. B. schematisch wie folgt aus:

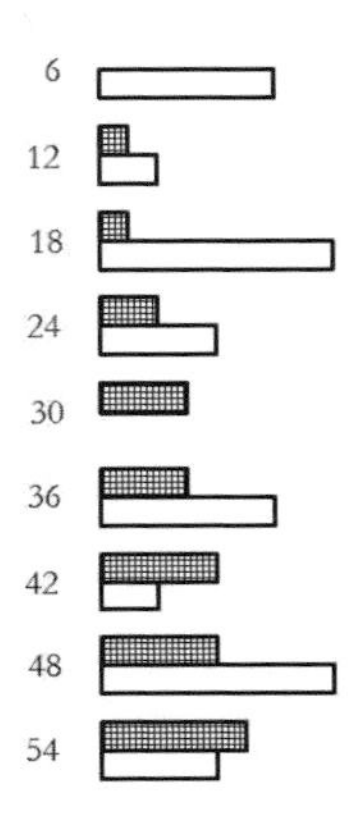

Abb. 3.64 Einmaleins mit der Sechs; schraffiert die Zehner; weiß die Einer

Diese Stäbe wirken auf 9 parallel laufende Zahnstangen, wie wir sie bei der Proportionalhebelmaschine kennengelernt haben (Abb. 3.65). Während dort der Proportionalhebel für die Scherung der Zahnstangen sorgt, bewirkt hier der Multiplikationskörper unterschiedlich weite Parallelverschiebungen der einzelnen Stangen. Für eine Scherung sorgt hier allerdings die Schicht mit dem Einmaleins mit der 1. Mit dieser Platte wird dann eben auch addiert und subtrahiert.

Abb. 3.65 Einmaleins-Körper einer *Millionär*, Foto: Arithmeum, Rheinische Friedrich-Wilhelms-Universität, Bonn

Mit dem Hebel links kann die jeweilige Einmaleins-Schicht auf die Höhe der 9 Zahnstangen der Maschine gehoben werden. In zwei Schritten wirken dann die Stäbe des Multiplikationskörpers auf die entsprechenden Zahnstangen für die Ziffern von 1 bis 9 ein, und zwar zunächst mit den *Zehnern*. Dann erfolgt eine leichte Verschiebung des Multiplikationskörpers quer zu den Stangen, damit die *Einer* greifen können. Außerdem wird der Wagen mit dem Ergebniswerk um 1 nach links verschoben.

Wir machen uns den Vorgang am Beispiel 6 · 32 klar. Schriftlich würde man das ja so rechnen:

$$\begin{array}{r} \underline{6 \cdot 32} \\ 18 \\ \underline{12} \\ 192 \end{array}$$

Im Einstellwerk wird 32 eingestellt. Damit stehen Eingreifzahnräder auf der 3. und auf der 2. Zahnstange.

Mit dem Hebel wird der Multiplikationskörper auf die Höhe der Platte für das Einmaleins mit der 6 gehoben.

Im ersten Teil der Drehung mit der Kurbel werden die Zahnstangen vor und zurück gedreht. Die Abgreifzahnräder greifen nur bei der Vorwärtsbewegung. Bei ihr drücken die Zehnerstäbe die Zahnstangen um 1 nach rechts. Im Ergebniswerk erscheinen nun 1 und 1. Nun wird das Ergebniswerk um 1 nach links gerückt und der Einmaleins-Körper quer zu den Zahnstangen verschoben, sodass jetzt die Einerstäbe greifen. Deren Verschiebungen der Zahnstangen bewirken im Zählwerk eine Änderung auf 192. Im Rahmen der Drehung werden auch eventuell nötige Zehnerüberträge ausgeführt. Die Steuerung der Zahnstangen durch den Multiplikationskörper war die entscheidende neue *technische* Idee gegenüber der Proportionalhebelmaschine.

Ihr liegt die *mathematische* Idee zugrunde, mit dem Einmaleins-Körper unterschiedliche Parallelverschiebungen der Zahnstangen durchzuführen. Dabei werden jeweils alle Abgreifzahnräder, die auf die gleiche Stange wirken, um den gleichen Winkel gedreht. So werden jeweils alle Stellen des Multiplikanden auf einmal bearbeitet.

Die Maschine wurde vor allem dort eingesetzt, wo häufig Multiplikationen durchgeführt werden mussten. Divisionen waren dagegen recht umständlich.

Die *Millionär* wandte sich also an einen begrenzten Kreis von Benutzern. Sie war zwar leistungsfähig und daher auch preiswert, aber trotzdem immer noch teuer. Dagegen bestand ein großer Bedarf an schnell und zuverlässig arbeitenden, handlichen und preiswerten Maschinen zum Addieren.

3.3.7 Die Multiplikationsmaschine von Selling

Eine andere Multiplikationsmaschine war bereits gegen Ende des 19. Jahrhunderts von Eduard Selling (1834–1920) entwickelt und 1886 patentiert worden. Selling war außerordentlicher Professor an der Universität Würzburg und entwickelte im Auftrag verschiedener Ministerien mathematische Modelle, mit denen das Pensionswesen in Bayern neu geordnet werden konnte. Bei seinen Berechnungen erwiesen sich die Widerstände, die bei den Maschinen von Thomas bei Zehnerüberträgen zu überwinden waren, für ihn als so störend, dass er nach einer anderen Lösung suchte. Er fand sie mit Hilfe des Prinzips der *Nürnberger Schere*. Das war die entscheidende *technische* Idee.

Das Prinzip soll an dem *Scherengitter* von Abb. 3.66 erläutert werden.

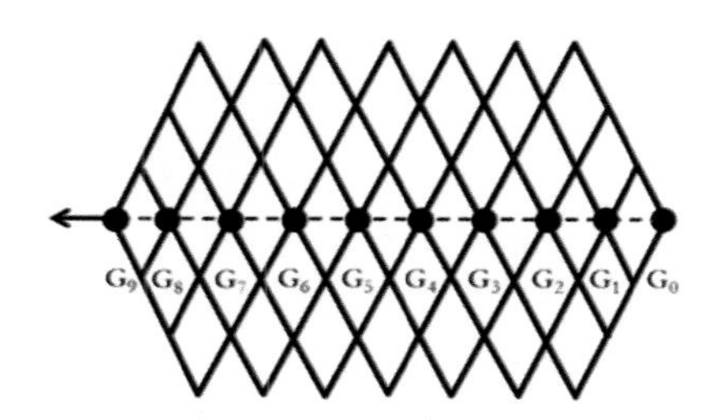

Abb. 3.66 Das Scherengitter

Zieht man in Pfeilrichtung an dem Gelenkpunkt G_9 und hält man den Punkt G_0 fest, so bewegen sich auch die anderen Gelenkpunkte auf der gestrichelt gezeichneten Geraden, und die Abstände zwischen ihnen ändern sich alle um den gleichen Faktor. Mathematisch ergibt sich das aus den Eigenschaften des *Rautengitters*. Auch hier sind also *technische* und *mathematische* Idee eng miteinander verbunden.

In der Maschine von Abb. 3.67 sieht man zwei derartige Scherengitter senkrecht an den Seiten der Maschine. Die gegenüberliegenden mittleren Gelenkpunkte sind durch Stangen miteinander verbunden. Diese Scherengitter kann man auseinanderziehen, sodass sich die Abstände der mittleren Gelenkpunkte in Zugrichtung vergrößern. Der Multiplikator bestimmt die Vergrößerung der Abstände. Zu Beginn der Rechnung ist das Scherengitter geschlossen. Unter den Verbindungsstangen befinden sich *Zahnstangen* für die einzelnen Stellen des Multiplikanden, die am Ende auf Zählräder wirken. Durch Tastendruck können die einzelnen Zahnstangen nach Maßgabe der einzugebenden Ziffer mit der entsprechenden Verbindungsstange gekoppelt werden. Nun wird das Scherengitter entsprechend dem einstelligen Multiplikator ausgezogen. Dabei werden die Zahnstangen alle um den gleichen Faktor vorgeschoben und rücken dabei die Zählräder entsprechend dem Produkt weiter. Mathematisch wird dabei eine *senkrechte Achsenaffinität* parallel zu den Zahnstangen ausgeführt.

Abb. 3.67 Multiplikationsmaschine von Eduard Selling, Foto: Deutsches Museum

Das Arbeiten mit dieser Maschine vollzieht sich gleitend ohne Rattern und Ruckeln, wenn man sie denn bedienen kann! Erste Maschinen wurden von dem Mechaniker Max Ott in München, Würzburg und Pfronten hergestellt. Doch sie waren schwierig zu bedienen. Auch die von Selling verfassten Anleitungen waren von Laien kaum zu verstehen. Sie blieb eine „Professorenmaschine“, der ein wirtschaftlicher Erfolg versagt blieb. Daran änderten auch zwei leistungsfähigere Nachfolgemodelle nichts.

3.3.8 Die Schaltschwingenmaschine von Felt

Eine verblüffend einfache, aber ungemein leistungsfähige Addiermaschine wurde von Dorr E. Felt (1862–1930) in Chicago 1887 erfunden und unter dem Namen *Comptometer* patentiert (Abb. 3.68). Die Maschine galt lange als die schnellste Rechenmaschine der Welt. Und ein derartiger Superlativ war für Amerikaner ein wichtiges Argument, das dann auch zu einem beträchtlichen geschäftlichen Erfolg führte.

Abb. 3.68 *Comptometer* von Felt & Tarrant, Chicago, Foto: P. Ruff, Rechenzentrum der Julius-Maximilians-Universität Würzburg

Die grundlegende *technische* Idee beruht auf einem Mechanismus, bei dem ein Hebel *H*, auf dem Stangen mit Tasten stehen, nach unten gedreht wird (Abb. 3.69). Die Taste mit der Ziffer 2 dreht den Hebel um den doppelten Winkel wie ein Druck auf die Taste mit der Ziffer 1.

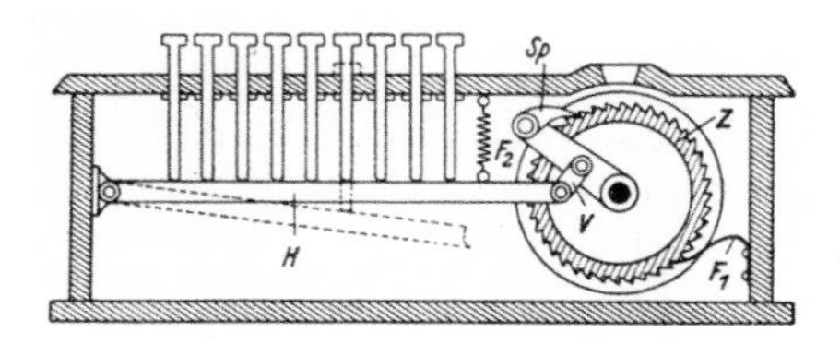

Abb. 3.69 Prinzip der Schaltschwingenmaschine, aus: [Willers 1951, S. 13]

Der Hebel erfährt durch eine Feder (F_2) einen Zug zurück. Er greift über einen Mechanismus mit einer Sperrklinke in ein Zahnrad, das auf einer Zahlenwalze angebracht ist. Diese Sperrklinke rückt das Zahnrad um einen Winkel im Uhrzeigersinn weiter, der dem Neigungswinkel des Hebels entspricht. Die Feder F_1 verhindert ein Zurückrollen des Zahnrades. Der Hebel schwingt dabei hinunter und schaltet, wenn er wieder hinauf schwingt. Man nennt daher dieses Bauelement *Schaltschwinge* und bezeichnet damit die grundlegende *technische* Idee dieser Maschine. Die grundlegende *mathematische* Idee ist das bekannte Addieren durch Weiterdrehen.

3.3.9 Die Zahnsegmentmaschine von Burroughs

Das *Comptometer* hatte jedoch eine starke Konkurrenz mit einer Addiermaschine von William Seward Burroughs (1857–1898) aus St. Louis, die mit einem Druckwerk ausgestattet war und damit das kaufmännische Rechnen revolutionierte. Sie wurde zum Vorbild für eine schier unübersehbare Fülle von Addiermaschinen bis in die 1970er Jahre in aller Welt.

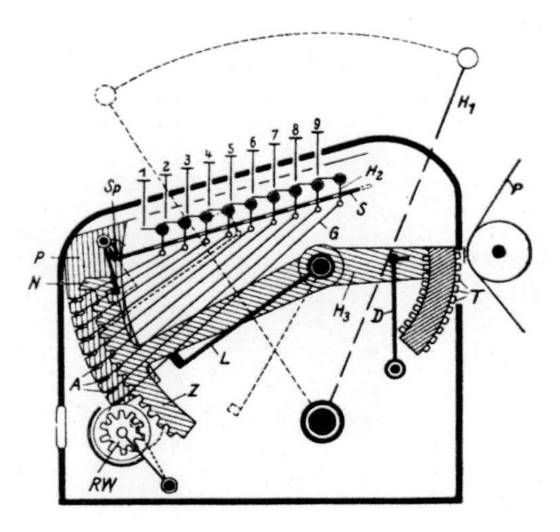

Abb. 3.70 Prinzip einer druckenden Zahnsegmentmaschine, aus: [Willers 1951, S.15]

Ihre grundlegende *technische* Idee bestand in einem um einen Drehpunkt schwingenden zweiarmigen Hebel, der durch Tasten gedreht werden konnte. An einem Ende war ein *Zahnsegment* angebracht, am anderen eine *Druckvorrichtung*. Zunächst wurden alle benötigten Hebel durch Tastendruck in Bereitschaft gesetzt. Dann wurden die Hebel innen durch den äußeren Hebel in Bewegung gesetzt. Jeder Hebel drehte nun das entsprechende Ergebniszahnrad auf die eingegebene Zahl und am anderen Ende die Drucktype auf die jeweilige Position vor der Papierrolle (Abb. 3.70). Beim Zurückführen des Hebels schlugen die Druckhämmer *D* die jeweilige Drucktype auf das Papierband. Für das Rechnen entscheidend ist sein *Zahnsegment Z,* für das Drucken der *Typenbogen T.*

Ein ausgereiftes deutsches Beispiel ist die *Brunsviga 800* mit Volltastatur aus dem Jahr 1952 (Abb. 3.71).

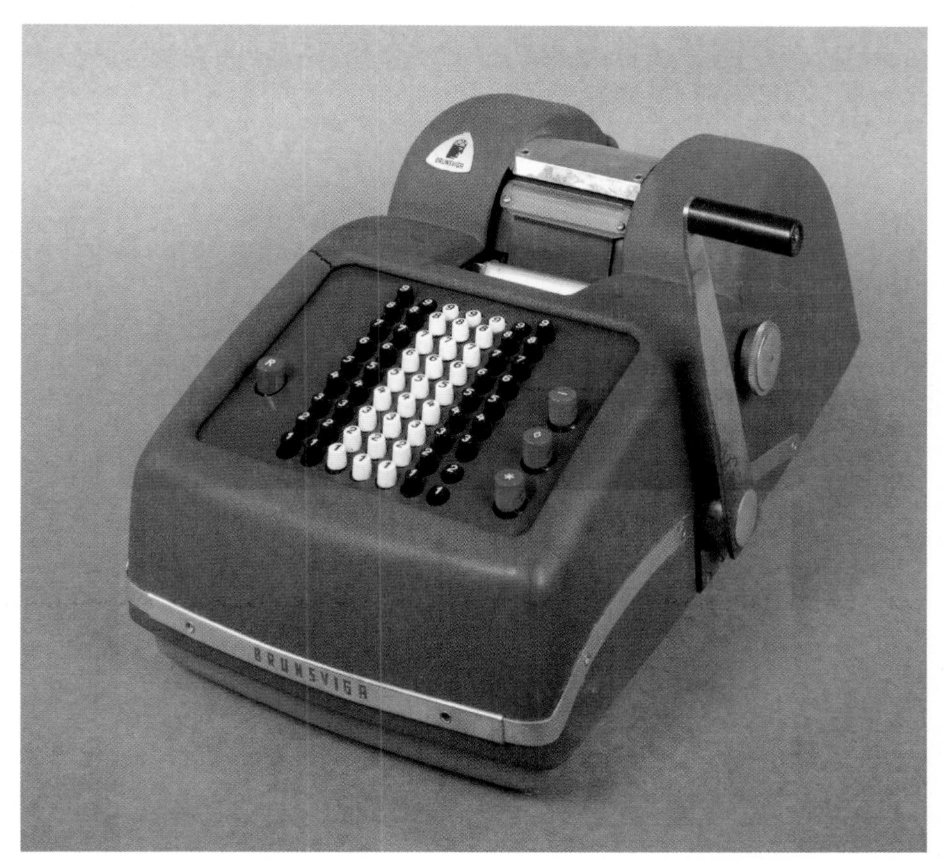

Abb. 3.71 *Brunsviga 800* von Brunsviga, Braunschweig, Foto: P. Ruff, Rechenzentrum der Julius-Maximilians-Universität Würzburg

3.4 Ausklang

Mitte der 1970er Jahre läuteten die Computer das Ende vieler mathematischer Instrumente ein. Der PC ist zu dem „Universalinstrument" geworden, das im Prinzip allgemein zugänglich ist. Der Software für die unterschiedlichen Aufgaben liegen immer noch *mathematische* Ideen zugrunde, die auf Leistungsfähigkeit ausgerichtet sind. Unter ihnen sind viele „alte Bekannte" aus Algebra, Analysis und Analytischer Geometrie. Nur die wenigsten Benutzer ahnen etwas von ihnen.

Die *technischen* Ideen gehören zum kulturellen Erbe. Sie sind mit technischen Vorrichtungen verbunden, die uns bei der Betrachtung der historischen Instrumente in ihrer Funktion bewusst geworden sind. Dabei standen typische Vertreter im Vordergrund. Von den Ideen bis zu ihrer Realisierung und ihrer Durchsetzung in der Praxis war häufig ein längerer Weg erforderlich, bei dem Handwerker und Ingenieure in Werkstätten und Firmen eine wichtige Rolle spielten [Daumas 1972].

Von der Vielfalt und der Schönheit der Instrumente können Kataloge und Bildbände einen Eindruck vermitteln: [Anthes 2001 (Rechenmaschinen), Anthes und Prinz 2010 (Rechenmaschinen), Avery 2010 (Zeicheninstrumente), Beauclair 1968 (Rechenmaschinen), Brachner 1983 (Instrumente von Brander), Dreier 1979 (Winkelmessinstrumente), Dyck 1892/1994 (Mathematische Instrumente), Folkerts, Knobloch, Reich 2001[2] (Historische Bücher), Folkerts, Reich 2008 (Historische Handschriften und Druckwerke), Hambly 1988 (Zeicheninstrumente), Marguin 1994 (Rechenmaschinen), Michel 1965 (Historische Instrumente), Museo di Storia della Scienza Florenz 1991 (Historische Instrumente), Randier 1981[3] (Nautische Antiquitäten), Syndram 1989 (Historische Instrumente), Turner, A. 1987 (Historische Instrumente), Turner, G. 1998 (Historische Instrumente), Schillinger 1990 (Zeicheninstrumente), 2000 (Rechengeräte), Schramm 1989 (Astronomische Instrumente), Wynter und Turner 1975 (Historische Instrumente)].

Bei meiner Darstellung der mathematischen Ideen stand das Bemühen um Allgemeinverständlichkeit im Vordergrund. Das erforderte häufig erhebliche Beschränkungen. Ausführliche und gründliche mathematische Darstellungen finden sich bei den beiden „Klassikern“ [Meyer zur Capellen 1949[3], Willers 1951].

Historische mathematische Instrumente spielen zunehmend eine Rolle im *Mathematikunterricht* in Projekten und Facharbeiten. Als Studienobjekte dienen Beschreibungen in der Literatur oder im Internet, historische Texte, Bilder von Instrumenten, gelegentlich konkrete Objekte, die beschrieben und analysiert werden. Häufig werden auch Nachbauten von Schülerinnen und Schülern selbst angefertigt und in der Praxis erprobt [Anthes 1994, Beck und Profke 1984, Denke 2004, Krohn 2011, Ludwig 2004, Ludwig und Jesberg 2012, Richter et alii 2001, Vollath 2004, Vollrath 1999, 2002, 2004, 2005, 2011, Weigand 2005, Wenning 1995, Weth 2005].

Betrachtet man das Innenleben einer hoch entwickelten Rechenmaschine, dann ist man beeindruckt von der Vielzahl der Bauteile, die im Betrieb ineinandergreifen und für das Funktionieren der Maschine sorgen. Auch akustisch geben die alten Maschinen durchaus eindrucksvolle Geräusche beim Arbeiten von sich. Und wir bewundern die Leistungen der Menschen, die diese Wunderwerke der Technik hervorgebracht haben.

Gemessen daran ist das Innenleben eines PCs zwar auch eindrucksvoll, doch übersichtlich. Die eigentliche Komplexität findet sich in den Chips, deren Design für die Leistungsfähigkeit des Computers verantwortlich ist. Und diese ist ja durchaus beeindruckend. Sie stellt alles in den Schatten, was die historischen mathematischen Instrumente leisten konnten. Doch auch unsere heutigen Computer werden über kurz oder lang „Geschichte“ sein. Die Geräte und die für sie bestimmten Programme werden dann als Träger von mathematischen und technischen Ideen *historische* Forschungsgegenstände sein.

Hinweis: Das Instrument von Abb. 1.49 erzeugt eine *Archimedische Spirale* [Weth 2005].

Literatur

Adams, George, Geometrical and graphical essays, London 1797²; neue Ausgabe: Geometrische und graphische Versuche, hrsg. von Damerow, Peter, Lefèvre, Wolfgang, nach der deutschen Ausgabe von 1795, Darmstadt (Wissenschaftliche Buchgesellschaft) 1985.

Albrecht, Johann, Rechenbüchlein auff der linien, Wittemberg 1534; Nachdruck: Berlin (Nicolaische Verlagsbuchhandlung) 2009.

Amman, Jost, Eygentliche Beschreibung aller Stände auff Erden hoher und nidriger, geistlicher und weltlicher, aller Künsten, Handwerken und Händeln... („Ständebuch", mit Versen von Hans Sachs), Frankfurt 1568; zahlreiche Nachdrucke unter dem Titel „Das Ständebuch" (z. B. Insel-Bücherei Nr. 133).

Anthes, Erhard, Mechanische Rechenmaschinen in der Schule, in: Pickert, Günter, Weidig, Ingo, (Hrsg.), Mathematik erfahren und lehren, Stuttgart (Klett) 1994, 32–40.

Anthes, Erhard, Rechnende Räder, Mechanische Rechenmaschinen, Ludwigsburg (Pädagogische Hochschule) 2001.

Anthes, Erhard, Prinz, Ina, Historische Rechenmaschinen, PATRIMONIA 353, Bonn (Kulturstiftung der Länder) 2010.

Anthes, Erhard, Zur Einführung des logarithmischen Rechenstabes im deutschen Bildungssystem, in: Hashagen, Ulf, und Hellige, Hans Dieter, (Hrsg.), Rechnende Maschinen im Wandel: Mathematik, Technik, Gesellschaft, München (Deutsches Museum) 2011, 9–31.

Archimedes, Abhandlungen, übersetzt von Czwalina, Arthur, Ostwalds Klassiker der exakten Naturwissenschaften, reprint, Frankfurt (Deutsch) 2009³.

Arithmeum Bonn, rechnen einst und heute. Texteband – Ausstellungskatalog, Bonn (Arithmeum) 1999.

Astronomisch-Physikalisches Kabinett Kassel, Mackensen, Ludolf von, Die naturwissenschaftlich-technische Sammlung, Kassel (Wenderoth) 1991.

Avery Architectural and Fine Arts Library, Columbia University New York, Andrew Alpern Collection of Drawing instruments, Catalogue, New York (Columbia University) 2010.

Beauclair, Wilfried de, Rechnen mit Maschinen. Eine Bildgeschichte der Rechentechnik, Braunschweig (Vieweg) 1968.

Beck, Uwe, Profke, Lothar, Das Hyperbelverfahren zur graphischen Inhaltsbestimmung im Mathematikunterricht der Sekundarstufe I, in: Vollrath, Hans-Joachim, (Hrsg.), Praktische Geometrie – Darstellen, Messen, Berechnen, Stuttgart (Klett) 1984, 40–82.

Bion, Nicolas, Traité de la construction et des principaux usages des instrumens de mathématique, Paris 1752.

Bischoff, Johann Paul, Versuch einer Geschichte der Rechenmaschine, Ansbach 1804; neu hrsg. von Weiß, Stephan, München (Systhema) 1990.

Bölter, Detlev, Wie war das Additionswerk der Schickard'schen Rechenuhr aufgebaut? (www.boelters.de/Rechenmaschinen/_Schickard/Sch2.pdf; 2007).

Brachner, Alto, G. F. Brander, 1713–1783, Wissenschaftliche Instrumente aus seiner Werkstatt, München (Deutsches Museum) 1983.

Brachner, Alto, Von Ellen und Füßen zur Atomuhr, München (Deutsches Museum) 1996.

Bürja, Abel, Der selbstlernende Algebrist, Berlin 1786.

Busch, Wilhelm, Max und Moritz eine Bubengeschichte in sieben Streichen, München (Braun und Schneider) o. J.[73]

Cajori, Florian, A history of the logarithmic slide rule and allied instruments, Mendham (Astragal Press) 1994.

Daumas, Maurice, Scientific instruments of the seventeenth and eighteenth centuries and their makers, London (Portman) 1972.

Denke, Volker, Wie die alten Seefahrer ihren Weg fanden, mathematik lehren 124 (2004), 8–12.

Deschauer, Stefan, „Das macht nach Adam Riese". Die praktische Rechenkunst des berühmten Meisters Adam Ries, Köln (Anaconda) 2012.

Deutsches Museum München, Informatik und Automatik, Führer durch die Ausstellung, München (Deutsches Museum) 1990.

Dreier, Franz Adrian, Winkelmessinstrumente. Vom 16. bis zum frühen 19. Jahrhundert, Berlin (Kunstgewerbemuseum) 1979.

Dyck, Walter, Katalog mathematischer und mathematisch-physikalischer Modelle, Apparate und Instrumente, Nebst Nachtrag, München 1892-1893, Nachdruck Hildesheim (Olms) 1994.

Euklid, Die Elemente, Thaer, Clemens, (Hrsg. und Übers.), Darmstadt (Wissenschaftliche Buchgesellschaft) 1962[2].

Faulhaber, Johann, Newe geometrische vnd perspectiuische inuentiones, Frankfurt 1610.

Feldhaus, Franz Maria, Geschichte des technischen Zeichnens, Wilhelmshaven (Kuhlmann) 1953.

Fischer, Joachim, Instrumente zur Mechanischen Integration, in: Schütt, Hans-Werner, Weiss, Burghard, (Hrsg.): Brückenschläge – 25 Jahre Lehrstuhl für Geschichte der exakten Wissenschaften und der Technik an der Technischen Universität Berlin 1969–1994, Berlin (Engel) 1995, 111–156.

Fischer, Joachim, Zur Geschichte der Mathematischen Instrumente aus der Herstellung der Firma A. Ott, Kempten, in: Ott Messtechnik (Hrsg.), Eine Reise durch Technik und Zeit, Kempten (Ott Messtechnik) 1998, 159-183.

Fischer, Joachim: Instrumente zur Mechanischen Integration II, in: Schürmann, Astrid, Weiss, Burghard, (Hrsg.): Chemie – Kultur – Geschichte, Berlin (Geschichte der Naturwissenschaften und Technik) 2002, 143–155.

Folkerts, Menso, Die Entwicklung und Bedeutung der Visierkunst als Beispiel der praktischen Mathematik der frühen Neuzeit, in: Humanismus und Technik 18 (1974) 1–41.

Folkerts, Menso, Knobloch, Eberhard, Reich, Karin, (Hrsg.), Maß, Zahl und Gewicht. Mathematik als Schlüssel zu Weltverständnis und Weltbeherrschung, Wolfenbüttel (Herzog August Bibliothek) 2001[2].

Folkerts, Menso, Reich, Karin, (Hrsg.), Zählen, Messen, Rechnen. 1000 Jahre Mathematik in Handschriften und frühen Drucken, Petersberg (Imhof) 2008.

Freytag-Löringhoff, Bruno Baron von, Wilhelm Schickards Tübinger Rechenmaschine von 1623, Tübingen (Universitätsstadt Tübingen) 1986[4].

Galilei, Galileo, Le operazioni del compasso geometrico, et militare, Padua 1606.

Hambly, Maya, Drawing instruments, 1580-1980, London (Sotheby's) 1988.

Hamel, Jürgen, Die Sammlung der wissenschaftlichen Instrumente des Kulturhistorischen Museums der Hansestadt Stralsund, Sammlungskatalog, Stralsund (Kulturhistorisches Museum) 2011.

Hamel, Jürgen, Tobias Mayer und die Astronomie, in: Hüttermann, Armin, (Hrsg), Tobias Mayer 1723-1763, Mathematiker, Kartograph und Astronom der Aufklärungszeit, Stuttgart (Württembergische Landesbibliothek) 2012, 124–167.

Harmßen, Johannes, Die erste große Landesaufname Kursachsens, Meßpunkt Leipzig, Leipziger Blätter, Sonderheft 1996, 32–39.

Hendges, Gabriele, Maße und Gewichte im Hochstift Würzburg vom 16. bis zum 19. Jahrhundert, München (Kommission für Bayerische Landesgeschichte) 1989.

Hopp, Peter M., Slide rules – Their history, models, and makers, Mendham (Astragal Press) 1999.

Hulsius, Levin, Beschreibung vnd Vnterricht deß Jobst Burgi Proportional-Circkels, Frankfurt 1607.

Ifrah, Georges, Universalgeschichte der Zahlen, Frankfurt (Campus) 1987[2].

Jezierski, Dieter von, Rechenschieber – eine Dokumentation, Stein (Jezierski) 1997.

Kepler, Johannes, Neue Stereometrie der Fässer, Leipzig (Geest & Portig) 1987.

Klimpert, Richard, Lexikon der Münzen, Maße und Gewichte, Berlin (Regenhardt) 1896[2].

Köbel, Jakob, Geometrei, Frankfurt 1535.

Korte, Bernhard, Zur Geschichte des maschinellen Rechnens, Bonn (Bouvier) 1981.

Korte, Bernhard, Die Rechenmaschine von Johann Christoph Schuster 1820/22, PATRIMONIA 203, Bonn (Kulturstiftung der Länder) 2004.

Krause, Rudolf, Geschichte und heutige Bestände des physikalischen Kabinetts im Hessischen Landesmuseum Darmstadt, Darmstadt (Naturschutz) 1965.

Krohn, Thomas, Jakobsstab und Pendelquadrant im Mathematikunterricht: historisch, geometrisch, praktisch – und aktuell, in: Herget, Wilfried, Schöneburg, Silvia, (Hrsg.), Mathematik – Ideen – Geschichte, Anregungen für den Mathematikunterricht, Hildesheim (Franzbecker) 2011, 93–108.

Lehmann, N. Joachim, Glashütte 1878, Beginn der deutschen Rechenmaschinenfertigung, Berlin (Akademie-Verlag) 1989.

Leibniz, Gottfried Wilhelm, Brevis descriptio Machinae Arithmeticae, Miscellanea Berolinensia, Berlin 1710, 317–319.

Leupold, Jakob, Theatrum arithmetico-geometricum, Leipzig 1727, Nachdruck: Hannover (Schäfer) 1982.

Leupold, Jakob, Theatri machinarvm svpplementvm, Leipzig 1739, Nachdruck: Hannover (Schäfer) 1982.

Lind, Detlef, Winkelmessung in der Astronomie im Unterricht, Der Mathematikunterricht 45 Heft 4 (1999), 28–41.

Ludwig, Matthias, Geometrie beim Wort genommen, mathematik lehren 124 (2004), 4–6.

Ludwig, Matthias, Jesberg, Jens, Der Messtisch, Praxis der Mathematik in der Schule Heft 47/54. (2012), 13–20.

Mackensen, Ludolf von, Die erste Sternwarte Europas mit ihren Instrumenten und Uhren. 400 Jahre Jost Bürgi in Kassel, München (Callwey) 1988[3].

Marguin, Jean, Histoire des instruments et machines à calculer, Paris (Hermann) 1994.

Martin, Ernst, Die Rechenmaschinen und ihre Entwicklungsgeschichte 1. Band, Leopoldshöhe (Köntopp) o. J., Reprintausgabe der 1. Aufl. von 1925 mit Nachtrag.

Mathematisch-Physikalischer Salon Dresden, Kostbare Instrumente und Uhren aus dem Staatlichen Mathematisch-Physikalischen Salon Dresden, hrsg. von Schillinger, Klaus, Leipzig (Seemann) 1994.

McKenzie, Murdoch, A treatise on maritime surveying, London 1774.

Meyer zur Capellen, Walther, Mathematische Instrumente, Leipzig (Akademische Verlagsgesellschaft) 1949[3].

Michel, Henri, Messen über Zeit und Raum. Messinstrumente aus 5 Jahrhunderten, übers. und bearb. v. Kirchvogel, Paul Adolf,. Stuttgart (Belser) 1965.

Minow, Helmut, Historische Vermessungsinstrumente, Wiesbaden (Chmielorz) 1990[2].

Minow, Helmut, Geometrica practica. Vermessungstechnische Lehrbücher aus drei Jahrhunderten, Wiesbaden (Chmielorz) 1991.

Museo di Storia della Scienza, Catalogo, Florenz (Istituto e Museo di Storia della Scienza) 1991.

Nelkenbrecher, Johann Christian, Taschenbuch der Münz-, Maß- und Gewichtskunde, Berlin (Sander) 1832[15].

Penther, Johann Friedrich, Praxis geometriae, Augsburg 1788[9]; Nachdruck: Stuttgart (Klett) 1981.

Petzold, Hartmut, Moderne Rechenkünstler, Die Industrialisierung der Rechentechnik in Deutschland, München (Beck) 1992.

Peuerbach, Georg von, Quadratum geometricum, Nürnberg 1516.

Prinz, Ina, Rechnen wie die Meister, Berlin (Nicolaische Verlagsbuchhandlung) 2009.

Prinz, Ina, Die Funktion der Rechenmaschinen mit Schaltklinkenprinzip, in: Anthes, Erhard, Prinz, Ina, Historische Rechenmaschinen, PATRIMONIA 353, Bonn (Kulturstiftung der Länder) 2010, 25–97.

Randier, Jean, Nautische Antiquitäten, Bielefeld (Delius, Klasing) 1981[3].

Reese, Martin, Neue Blicke auf alte Maschinen. Zur Geschichte mechanischer Rechenmaschinen, Hamburg (Dr. Kovač) 2002.

Reisch, Gregor, Margarita philosophica, Basel 1508.

Richter, Karin, Gressling, Ellen, Malitte, Elvira, Sommer, Rolf, Historische Zeichengeräte, Die Mathewelt, in: mathematik lehren 108 (2001), 27–50.

Ries, Adam, Rechenbuch auff Linien vnd Ziphren, Frankfurt 1574; Nachdruck: Berlin (Nicolaische Verlagsbuchhandlung) 2009.

Rudowski, Werner, H., Scheffelt & Co. Frühe logarithmische Recheninstrumente im deutschen Sprachraum, Bochum (Rudowski) 2012.

Scheffelt, Michael, Pes mechanicus artificialis, Ulm 1718.

Scheiner, Christoph, Pantographice, Rom 1631.

Schillinger, Klaus, Zeicheninstrumente, Dresden (Mathematisch-Physikalischer Salon) 1990.

Schillinger, Klaus, Rechengeräte aus der Sammlung des Mathematisch-Physikalischen Salons, Dresden (Staatliche Kunstsammlungen) 2000.

Schmidt, Fritz, Geschichte der geodätischen Instrumente und Verfahren im Altertum und Mittelalter, Kaiserslautern (Kayser) 1935; Nachdruck: Stuttgart (Wittwer) 1988.

Schneider, Ivo, Der Proportionalzirkel. Ein universelles Analogrecheninstrument der Vergangenheit, München (Oldenbourg) 1970.

Schott, Kaspar, Cursus mathematicus, Würzburg 1661.

Schott, Kaspar, Organum mathematicum, Würzburg 1668.

Schott, Kaspar, Pantometrum Kircherianum, Würzburg 1669.

Schramm, Helmut, Astronomische Instrumente, Dresden (Mathematisch-Physikalischer Salon) 1989.

Schupp, Hans, Kegelschnitte, Hildesheim (Franzbecker) 2000.

Schwenter, Daniel, Geometriae practicae novae et auctae libri IV, Nürnberg 1667.

Seeberger, Max, Wie Bayern vermessen wurde, Augsburg (Haus der Bayerischen Geschichte) 2001.

Sinner, Johann, Anfangsgründe der Rechenkunst für die akademischen Schulen zu Wirzburg, Wirzburg 1790.

Sobel, Dava, Längengrad, Berlin (Berlin) 1996; Sobel, Dava, Andrewes, William J. H., Längengrad, Illustrierte Ausgabe, Berlin (Berlin) 1999.

Stender, Richard, Schuchardt, Waldemar, Der moderne Rechenstab, Frankfurt (Salle) 1967[9].

Syndram, Dirk, Wissenschaftliche Instrumente und Sonnenuhren. Kunstgewerbesammlung Bielefeld Stiftung Huelsmann, München (Callwey) 1989.

Turner, Anthony, Early scientific instruments Europe 1400–1800, London (Sotheby's) 1987.

Turner, Gerard L'E, Scientific instruments, 1500–1900, London (Wilson) 1998.

Vitruv, Zehn Bücher über Architektur, hrsg. von Fensterbusch, Curt (Übersetzer), Lizenzausgabe Darmstadt (Primus) 1996[5].

Vollath, Engelbert, Das ist die Höhe! Geometrie im Gelände, mathematik lehren 124 (2004), 13–16.

Vollrath, Hans-Joachim, Historische Winkelmessgeräte in Projekten des Mathematikunterrichts, Der Mathematikunterricht 45 Heft 4 (1999), 42–58.

Vollrath, Hans-Joachim, Ellen im Mathematikunterricht, Der Mathematikunterricht 48 Heft 3 (2002), 49–61.

Vollrath, Hans-Joachim, Landvermessung mit einem Messtisch, mathematik lehren 124 (2004), 20–22, 47–48.

Vollrath, Hans-Joachim, Entdeckungen an Zirkeln, Der Mathematikunterricht 51 Heft 1 (2005), 4–18.

Vollrath, Hans-Joachim, Standortbestimmung mit einem Doppelwinkelmesser, in: Herget, Wilfried, Schöneburg, Silvia, (Hrsg.), Mathematik – Ideen – Geschichte, Anregungen für den Mathematikunterricht, Hildesheim (Franzbecker) 2011, 109–121.

Wagner, Gerhard G., Sonnenuhren und wissenschaftliche Instrumente, Würzburg (Mainfränkisches Museum) 1997.

Weigand, Hans-Georg, Kegelschnittzirkel – real und virtuell, Der Mathematikunterricht 51 Heft 1 (2005), 43–52.

Wenning, Thomas, Selbstbau von Winkelmeßgeräten der alten Seefahrer. Der Mathematisch-Naturwissenschaftliche Unterricht 48 (1995), 229–234.

Wertheimer, Max, Produktives Denken, Frankfurt a. M. (Kramer) 1957.

Weth, Thomas, Spiralzirkel, Der Mathematikunterricht 51 Heft 1 (2005), 53–59.

Willers, Friedrich Adolf, Mathematische Maschinen und Instrumente, Berlin (Akademie-Verlag) 1951.

Willers, Johannes, Wissenschaftliche Instrumente, in: Deneke, Bernward, Kahsnitz, Rainer, (Hrsg.), Das Germanische Nationalmuseum. Nürnberg 1852–1977. Beiträge zu seiner Geschichte, München/Berlin 1978, 860–870.

Wunderlich, Herbert, Kursächsische Feldmeßkunst, artilleristische Richtverfahren und Ballistik im 16. und 17. Jahrhundert, Berlin (Deutscher Verlag der Wissenschaften) 1977.

Wynter, Harriet, Turner, Anthony, Scientific instruments, London (Vista) 1975.

Zinner, Ernst, Astronomische Instrumente des 11. bis 18. Jahrhunderts, München (Beck) 1979[2].

Zubler, Leonhard, Novvm instrvmentvm geometricvm, Basel 1625, Nachdruck: Dortmund (Größchen) 1978.

Internetadressen

Rechnerlexikon: *www.rechnerlexikon.de/artikel/Hauptseite*

Funktionsfähige Rechnermodelle: *www.mechrech.info/workmod/workmod.htm*

Stephan Weiss: Beiträge zur Geschichte des mechanischen Rechnens:
http://www.mechrech.info/

Oughtred Society (Rechenschieber): *http://www.oughtred.org/*

Scientific Instrument Society: *www.sis.org.uk/*

Informatik-Sammlung Universität Erlangen: *www.iser.uni-erlangen.de/index.php*

Rechentechnische Sammlung Universität Greifswald:
www.uni-greifswald.de/~wwwmathe/RTS/

Würzburger Ausstellungen historischer mathematischer Instrumente:
www.didaktik.mathematik.uni-wuerzburg.de/history/ausstell/instrumente.html

Abbildungen

Bei der Beschaffung von Bildern wurden wir von vielen Seiten unterstützt. Wir bedanken uns für die Genehmigung zum Abdruck von Bildern bei:

Arithmeum, Rheinische Friedrich-Wilhelms-Universität, Bonn: 4, 2.33, 3.27, 3.50, 3.65.

Bayerische Staatsbibliothek, München: 1.2 (RAR.1418), 1.52 (4 Art.94), 1.53 (4 Math.p.337), 2.52 (4 Math.a.334), 3.22 (Res/4Ph. u. 118).

Bayerische Vermessungsverwaltung, Vermessungsamt Würzburg: 2.30.

Bildagentur für Kunst, Kultur und Geschichte (bpk), The Metropolitan Museum of Art: 2.1

Bundesamt für Seeschifffahrt und Hydrographie, Hamburg: 2.46.

Deutsches Museum München: 2.64, 3.67.

Firma Boden Reißzeuge Bavaria, Wilhelmsdorf: 1.25.

Firma Gebrüder Haff, Pfronten: 1.8.

Herzog August Bibliothek Wolfenbüttel: 1.54 (Nb2° 3).

Institut für Mathematik der Julius-Maximilians-Universität Würzburg: 2.28, 2.29, 3.29, 3.45, 3.51, 3.54, 3.56, 3.57, 3.58, 3.62, 3.63, 3.68, 3.71.

Kunsthistorisches Museum, Wien: 3.43.

Landesmuseum Württemberg, Stuttgart: 3.46.

Museumslandschaft Hessen Kassel, Astronomisch-Physikalisches Kabinett Kassel: 2.61.

Niedersächsische Landesbibliothek – Gottfried Wilhelm Leibniz Bibliothek Hannover: 3.41.

Sächsische Landesbibliothek – Staats- und Universitätsbibliothek Dresden, Digitale Sammlungen: 1.35 (272648485_5), 2.54 (26747069X_18), 2.55 (26747069X_12), 2.56 (265420628_5).

Staatliche Kunstsammlungen Dresden, Mathematisch-Physikalischer Salon: 3, 2.35, 3.36.

Universitätsbibliothek Würzburg: 1.1 (Math. q.86), 3.5 (Math. q. 96), 3.28 (Math.q. 240).

Die übrigen Bilder wurden vom Verfasser angefertigt.

Index